GENE REGULATION

基因調控大解密

醫學博士
陳振興 醫師 ◎著

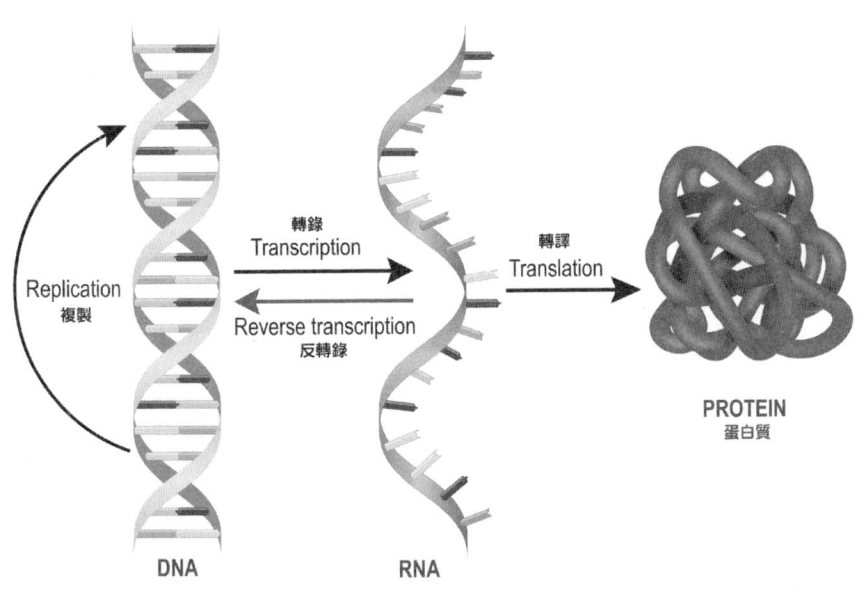

晨星出版

前言

認識未來醫學的關鍵——基因調控

　　2020年諾貝爾化學獎頒給發現CRISPR/Cas9的兩位女性科學家艾曼紐爾‧夏本提爾（Emmanuelle Charpentier）與珍妮佛‧道納（Jennifer Doudna），CRISPR/Cas9是項具有驚人潛力的基因編輯器，意味著日後可以使用CRISPR/Cas9改變動物、植物和微生物的DNA；2024年諾貝爾生醫獎頒給發現小分子核糖核酸（microRNA）轉錄後進行基因調控的作用的安布羅斯（Victor Ambros）和魯夫昆（Gary Ruvkun），顯示未來基因調控將在精準醫學扮演關鍵角色，困擾人類數百年的慢性病、癌症、遺傳性疾病都可找到解方，可說是醫學史上的一項重大革命。

　　傳統醫學針對諸多棘手疾病，多數以藥物來控制，但只是流於表淺的緩解病症，簡單來說就是「治標不治本」，況且還有多種無法以藥物治癒的自體免疫疾病與癌症，而基因調控技術的發現，從根本源頭人類細胞中的DNA缺失，以生醫技術來調節和控制，為多種疾病的治療帶來了新的希望。

　　事實上，世界頂尖的生物科學家，這幾十年來都致力找出人類遺傳基因密碼，並希望可以透過後天的生醫技術來調整人類有缺陷的基因，以減少疾病的發生，延長人類壽命，提升人類福祉。很高興，經過長期的努力，基因調控技術已往前一大步，人類基因組解碼工作已完成，已有越來越多研究證實諸多活性成分，可以透過調控人類基因達到多種益處；加上

前言　認識未來醫學的關鍵——基因調控

人工智慧科技的成熟，可以預見未來將有更多在醫學技術上的突破，讓人類可以不僅可以活的長壽、更可以活得健康，同時提高生命質量，不再受病痛所苦。

　　我本人接觸基因調控已有長久時間。撰寫此書目的，是希望讀者可以認識目前世界已有研究且得知的各種基因調控結果，有望降低疾病發生率。此外，也希望讓讀者知曉基因科技的最新趨勢，並將已知對人類影響較大的基因最新研究傳遞給讀者，讓大家對基因調控議題有一定程度的認識與了解，能掌握未來再生醫學的最新趨勢。

陳塚丝　醫師‧醫學博士

目次
CONTENTS

【前　言】認識未來醫學的關鍵──基因調控╱陳振興 ………… 002

第1章　基因結構與功能 …………………………………… 007
- DNA 的基本結構 ………………………………………… 008
- 基因的組成與功能 ……………………………………… 013
- 轉錄與轉譯的基本過程 ………………………………… 018

第2章　基因調控概述 ……………………………………… 023
- 基因調控的定義與方式 ………………………………… 024
- 調控的重要性 …………………………………………… 028
- 基因調控的歷史背景 …………………………………… 032
- 如何調控基因？ ………………………………………… 037

第3章　GNMT 基因 ………………………………………… 043
- GNMT 基因在哪裡？ …………………………………… 044
- GNMT 基因的作用 ……………………………………… 049
- PGG 是什麼？ …………………………………………… 054
- PGG 對 GNMT 基因表現的影響 ……………………… 058

4

第 4 章　DOK5 基因 063

- ➜ DOK5 基因在哪裡? 064
- ➜ DOK5 基因的作用 071
- ➜ 如何調控 DOK5 基因? 081
- ➜ 草本成分對 DOK5 基因表現的影響 087

第 5 章　CISD2 基因 091

- ➜ CISD2 基因在哪裡? 092
- ➜ CISD2 基因的作用 098
- ➜ P26 是什麼? 104
- ➜ P26 對 CISD2 基因表現的影響 110

第 6 章　E2F1 基因 117

- ➜ E2F1 基因在哪裡? 118
- ➜ E2F1 基因的作用 124
- ➜ 如何調控 E2F1 基因? 130
- ➜ 維生素 U 是什麼? 136
- ➜ 維生素 U 對 E2F1 基因表現的影響 141

第 7 章　CD36 基因 147

- ➜ CD36 基因在哪裡? 148

- ➡ CD36 基因的作用 ⋯⋯⋯⋯⋯⋯⋯⋯⋯⋯⋯⋯⋯⋯⋯⋯ 152
- ➡ O3FA 是什麼？ ⋯⋯⋯⋯⋯⋯⋯⋯⋯⋯⋯⋯⋯⋯⋯⋯⋯ 156
- ➡ O3FA 對 CD36 基因表現的影響 ⋯⋯⋯⋯⋯⋯⋯⋯⋯ 160

第 8 章　GSTM1 基因　165

- ➡ GSTM1 基因在哪裡？ ⋯⋯⋯⋯⋯⋯⋯⋯⋯⋯⋯⋯⋯⋯ 166
- ➡ GSTM1 基因的作用 ⋯⋯⋯⋯⋯⋯⋯⋯⋯⋯⋯⋯⋯⋯⋯ 170
- ➡ VC5E1 是什麼？ ⋯⋯⋯⋯⋯⋯⋯⋯⋯⋯⋯⋯⋯⋯⋯⋯ 173
- ➡ VC5E1 對 GSTM1 基因表現的影響 ⋯⋯⋯⋯⋯⋯⋯⋯ 178

第 9 章　基因調控的市場　183

- ➡ 基因調控在台灣的發展 ⋯⋯⋯⋯⋯⋯⋯⋯⋯⋯⋯⋯⋯ 184
- ➡ 基因調控的市場規模 ⋯⋯⋯⋯⋯⋯⋯⋯⋯⋯⋯⋯⋯⋯ 189
- ➡ 基因調控的市場潛力 ⋯⋯⋯⋯⋯⋯⋯⋯⋯⋯⋯⋯⋯⋯ 193

第 10 章　基因科技的未來趨勢　197

- ➡ 新興基因研究領域 ⋯⋯⋯⋯⋯⋯⋯⋯⋯⋯⋯⋯⋯⋯⋯ 198
- ➡ 基因科技對未來社會的可能影響 ⋯⋯⋯⋯⋯⋯⋯⋯⋯ 202
- ➡ 全球基因科技的發展趨勢 ⋯⋯⋯⋯⋯⋯⋯⋯⋯⋯⋯⋯ 206

【附錄】基因調控專有名詞──中英文對照表 ⋯⋯⋯⋯⋯ 210

參考文獻 ⋯⋯⋯⋯⋯⋯⋯⋯⋯⋯⋯⋯⋯⋯⋯⋯⋯⋯⋯⋯⋯ 220

第 1 章

基因結構與功能

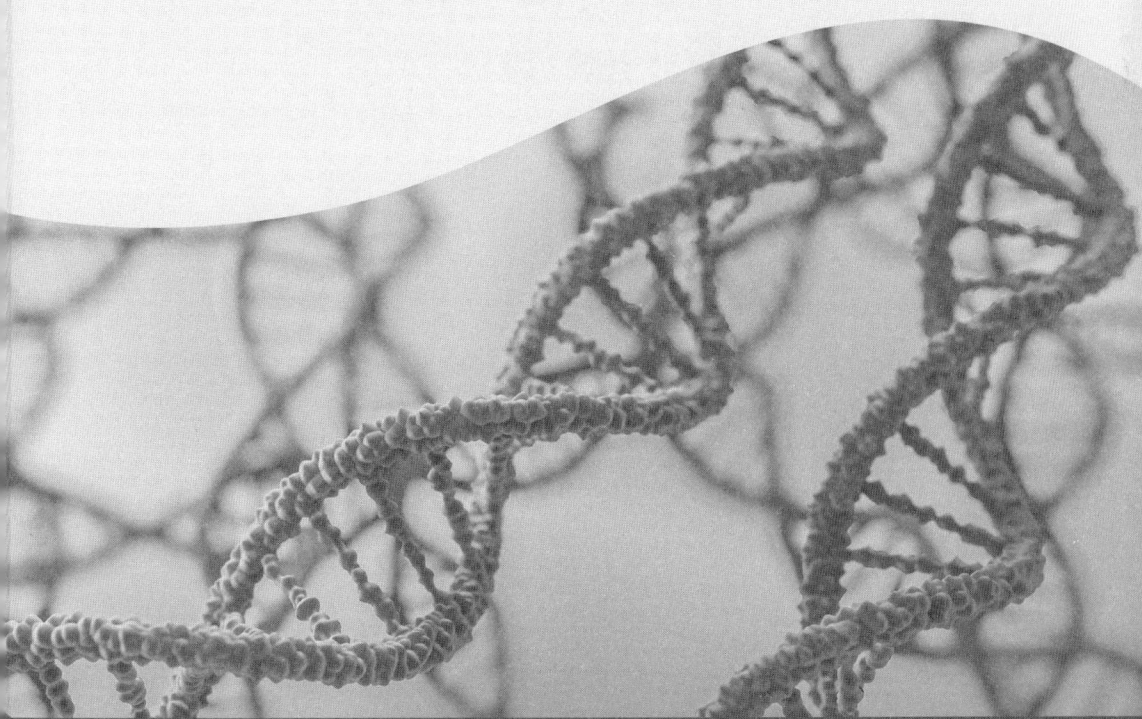

DNA 的基本結構

　　DNA（deoxyribonucleic acid）中文稱為「去氧核醣核酸」，是構成人類或生物基因遺傳的基本物質，由去氧核醣（deoxyribose）、磷酸（phosphoric acid）與四個鹼基（base）這三種成分所組成。DNA 並不是以單體存在，而是以兩兩相配的螺旋狀方式呈現。1953 年，生物學家華生（James Watson）和克里克（Francis Crick）、威爾金斯（Maurice Wilkins）發現 DNA 的雙股螺旋結構，為現代生物學研究發展的重大里程碑，解開人類基因遺傳之謎。

DNA 序列

　　作為訊息的傳遞媒介，DNA 就像一座龐大的圖書館，有著自己的編目、排列，以及最重要的「豐富的藏書」。無論藏書有多少，書的內容也是由各個文字組成，而 DNA 的「文字」比中文簡潔許多。DNA 在化學上屬於聚合物，其構成的分子們稱之為「核甘酸」（nucleotide）。這些核甘酸就是這龐大的圖書館中的文字，它所表現出的文字只有四種：腺嘌呤（adenine）、胸腺嘧啶（thymine）、鳥嘌呤（guanine）與胞嘧啶（cytosine）。這四個文字的排列組合也是組成 DNA 的四種基本鹼基（也就是在 DNA 中被簡寫為 ATGC 的主要官能基），構成了幾乎所有生物的 DNA。

　　核甘酸之間以磷酸鍵（phosphate ester bond）相連，一端接著核甘酸所含的五碳醣（pentose）中的 3 號醣，另一端接在 5 號醣。由於生物體在合成 DNA 時是由 5 號醣端合成到 3 號醣端，會寫成：5'-ATGC....-3'。這個由 5' 到 3' 端的方向性，被稱之為「正義」，反之則為「反義」，在

DNA 複製與蛋白質合成，皆是由 5' 端合成到 3' 端。

 DNA 物理結構

　　DNA 在生物體中並不是以單體方式存在的，而是由兩兩相配，且兩者的配對有一定的規則。如所知的雙股螺旋（double helix），其中的「雙股」便是指 DNA 分子兩兩相配的特徵，兩條分子的方向必定相反（也就是一條為正義，一條為反義），且 A 會以氫鍵（hydrogen bond）連結著 T，G 以氫鍵連結著 C。所以，DNA 的結構會以 5-ATGC......-3'、3-TACG......-5' 呈現。

　　眾人所熟知的雙股螺旋結構是 DNA 在被「拉直」時才會呈現，平常在生物體內的 DNA 雖然仍有雙股，也是 A 配 T、G 配 C，但是這兩股會以不同的方式摺疊，出現更進一步的螺旋，這種現象稱之為「DNA 超螺旋」，而這才是 DNA 在生物體中的自然存在形式，並不盡然是單純的雙股螺旋。

　　雙股螺旋是 DNA 在乾燥過後的結構，歷史上是使用 X 光繞射技術所闡明的。後續的研究顯示，DNA 不只有雙股螺旋，而有一到四級結構，顯示了 DNA 結構的多樣性，也暗示了表觀遺傳學中重要的一點：**不同的 DNA 結構與其表現有關，複雜的結構使得 DNA 有多種「工具」來控制本身的表現，從而在不同時間與不同狀況，展現出不同的生理機能。**

　　現在，利用電子顯微鏡等分析工具，人們可以看見 DNA 在生物體內的結構。隨著不同時間取樣、切片、凍結，細胞的內部結構，包含 DNA，都可以被看得一清二楚。另外，DNA 在細胞體外算是相當穩定、

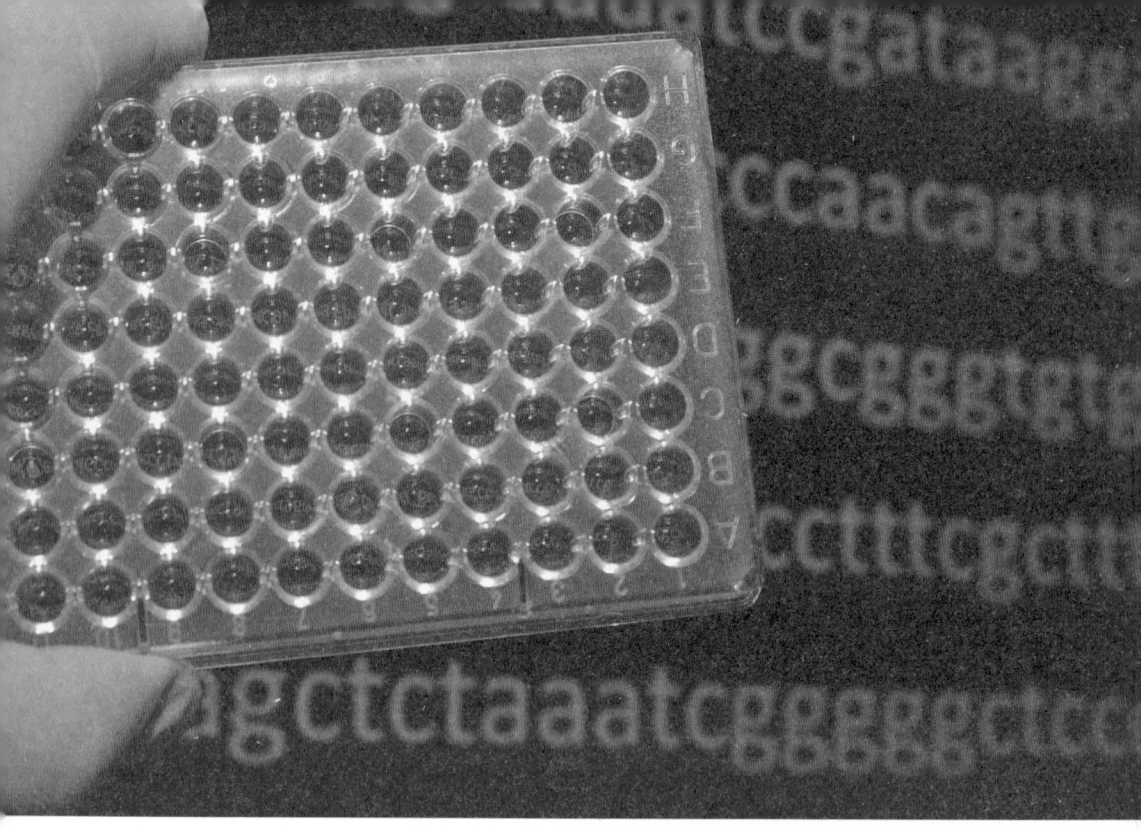

強韌的物質,可以在不同的環境下保持不斷裂,藉由各種單分子工具,如光鑷等,從更單純的角度去看單個 DNA 分子的結構,也可以搭配各種蛋白,藉此闡明 DNA 與蛋白的交互作用。這一連串分子生物學的實驗,使人們更了解 DNA 的構造,與其所調控的功能。

DNA 讀取與後續

在 DNA「被讀取」的時候,也就是複製或者合成核糖核酸(ribonucleic acid, RNA)以合成蛋白質時,負責的蛋白會將 DNA 的反義股當成模板,合成正義股。如果是複製 DNA 時,蛋白會將去氧核醣核酸當成材料,再複製出一條 DNA。而合成蛋白的時候,需要先將 DNA 的反義股當成模板生成一條 RNA,此時取用的材料是核醣核酸,但上面的鹼基(也就是

在 DNA 中被簡寫為 ATGC 的主要官能基）會變成 AUGC，T 會被換成尿嘧啶（uracil）。而這條 RNA 便會被用於接下來的蛋白質合成。有時候，RNA 的合成並不會造成蛋白質的產生，而是這條 RNA 本身就帶有功能。

DNA 結構多樣性

作為一種長鏈聚合物，DNA 如同蛋白質一樣，具有複雜的結構特性。如前面提到的，雙股螺旋是一般人所熟知的 DNA 構型，但 DNA 其實在拉直的時候，具有三種構型。如同蛋白質一樣，DNA 也具有一到四級結構：

（1）一級結構就是最簡單的 ATCG 序列。

（2）二級結構為各核甘酸藉由氫鍵所構成的結構，比如髮夾結構（hairpin structure）、偽結結構（pseudoknot）等。

（3）三級結構是兩分子才能排列出的結構，比如雙股螺旋的 A、B、Z 三種常見於生物體內的構型。另外，三級結構並非序列必須完全吻合才能形成。如果有兩分子其中的序列有部分吻合，就可以藉由氫鍵連接。這種現象稱之為「分子雜交」（molecular hybridization），常見於聚合酶連鎖反應（polymerase chain reaction, PCR）、引子（primer）與模板鏈（template strand）之間的結合。

（4）四級結構則是最高級、最大的結構，例如染色體（chromosome）。這時候，DNA 會需要蛋白質結合，才能組成四級結構。DNA 的四級結構在細胞複製、染色體缺陷等部分發揮重要作用。另外，轉錄的蛋白與 DNA 結合構造，也屬於四級結構。

由此可見，四級結構的組成、破壞，對於DNA序列本身不會有影響，但是絕對會影響到DNA被讀取、複製的功能，對於基因的調控而言非常重要。

　　最簡單的引子設計固然是完全吻合的，但隨著實驗的目的不同，有時候不完全吻合，以至於可以生成其他結構（如在最前端生成一個髮夾結構，做為某蛋白結合該段DNA的連接點）的引子設計，也不算少見。

　　另外，DNA的結構並非一成不變。如前所述，DNA算是強韌的分子，但這只限於序列本身（也就是一級結構是很強韌的），需要以分子生物學中算是非常大的力量，才能澈底扯斷。相較於一級結構，要破壞二級與三級結構就容易得多，只要打斷氫鍵即可。最常見的方法便是借助溫度，只要溫度提高，氫鍵就可以被打斷，藉此單條的DNA就可以做為模板去進行複製等操作。這也是PCR反應之所以能實現的原因。

　　藉由可高溫操作的DNA聚合酶（polymerase），將DNA重複於高溫之下變性（也就是打破二級、三級結構）以及復性（renaturation）（回復其結構），合成新的DNA。PCR技術，乃至於類似的核酸定序技術，對於DNA結構的聰明利用，讓我們有核酸檢測、基因定序、基因編輯等各種方便的技術可用，得以檢驗出人類遺傳疾病，可說是人類在生物學展史上的重大福音。

基因的組成與功能

　　基因是攜帶遺傳物質的最基本單位，通常能生成蛋白質。了解基因的組成與功能後，就能了解為何基因要被調控，以及基因本身是如何控制自己的。基因的表現與調控，乃至於本身的變化，對於進一步了解疾病來說，尤其是癌症，至關重要。而基因的組成也可以用於血緣的辨識、演化學的研究，因此基因的研究自從被發現以來，不僅是生物學中的重要一環，更為人類在醫學研究上做出巨大貢獻。

 基因組成

　　基因是由各種片段組成，包括增強子（enhancer）、啟動子（promotor）、內含子（intron）與外顯子（exon）。

　　增強子與啟動子是用於轉錄的啟動，猶如蛋白質需要的方向標，傳達負責轉錄的蛋白訊息。從這裡開始，內含子與外顯子分別代表著不會被組成為蛋白質的片段，以及會被組成蛋白質的片段。值得注意的是，內含子似乎突兀地被放置在基因內（而且不是只有一個，有時多段內含子會出現在基因片段中），但內含子並非沒有功能。它的功能如同路標或速限標誌，用來調控合成 DNA/RNA 的過程。

　　除此之外，基因並不占 DNA 的大多數，多數的 DNA 是沒有辦法被組成蛋白質的，這種 DNA 我們稱之為「非編碼 DNA」（non-coding DNA）。由 DNA 生成 RNA、RNA 生成蛋白質的法則來看，這些非編碼 DNA 似乎沒有作用，卻又占據大多數的 DNA 片段。直到近年的研究顯示，非編碼 DNA 在轉錄與轉譯的過程中，具有重要的調節作用。

　　另外，一段基因有時候不一定有啟動子，有時候多個內含子與外顯

子可以串聯起來，再由同一個啓動子來開始轉錄，我們稱爲「順反子」，又稱「作用子」（cistron）。通常較簡單的生物具有比較簡單的啓動構造，所以一個啓動子可以轉錄多個順反子。也就是說，一次啓動就會有多種蛋白被轉錄。但是，高等生物的順反子就會比較嚴格地被調控，通常一個順反子就會有一個啓動子，所以該段基因一旦被啓動，只會有一種蛋白被轉錄。

然而，基因有時候不一定有外顯子，有時候只會產生 RNA、而不產生蛋白，這種基因我們稱爲「調節基因」（regulator gene），能生成蛋白的則爲「結構基因」（structural gene）。有時候，類似基因的片段會出現、但並不能生成蛋白質，這種基因被稱爲「假基因」（pseudogenes）。

再者，基因在 DNA 上的位置並非一成不變。有些基因可以自己改變在 DNA 上的位置，它會生成剪接（splicing）DNA 與連接 DNA 的蛋白，將本身的片段剪下後，連接到別處的 DNA，這種基因稱之爲「移動基因」（mobile genetic），對於性狀的改變、物種間的基因遷移以及疾病的傳染等，都具有相當重要的作用。

基因突變

基因的組成一旦編碼發生改變或錯誤，使得表現性狀出現變化者，稱爲「基因突變」（mutation）。一個最簡單的例子，當外顯子的某一片段突然出現了終止密碼子（stop codon），那這段蛋白質就會被縮短；密碼子的改變也能影響到蛋白的生成，即生成的量、序列的正確與否，以及蛋白本身的功能最終是否正確，都是基因突變時可能會改變的量。

基因突變的原因，簡單說就是 DNA 一直受到各種破壞，例如紫外線、化學物質、自身的免疫攻擊等。然而，DNA 並不會坐以待斃，否則

生命體的延續會受到嚴重考驗，通常會有修復 DNA 的基因可將斷裂、變質、結構出現變化的 DNA 進行修復。這不只是一個蛋白的功勞，而是需要一連串複雜的過程，與多種蛋白的交互作用才能完成。儘管 DNA 具有複雜的修復網路，但基因的修復有時候也會出現錯誤。隨著錯誤的累積，基因的突變便隨之產生。

基因突變會對生命體產生破壞影響，但突變並非全然都是負面的。比如，有些人的基因出現變化後，能免除對於一些疾病造成的威脅；有些人的突變使性狀改變，在演化上獲得優勢，例如身高較常人高，或嗅覺變得較為敏銳等。突變是演化的重要推進因子，但突變本身也會帶來疾病，如癌症等。

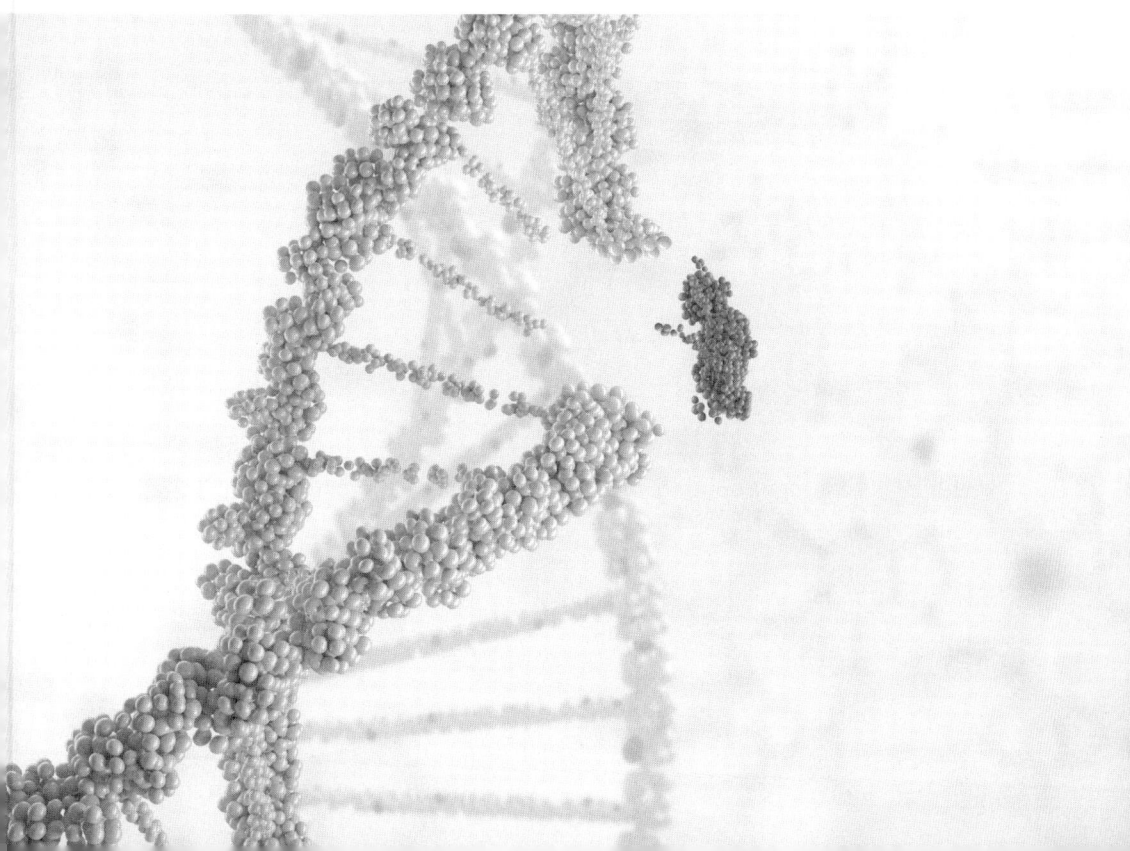

基因與演化

基因的突變是演化的重要推進力。從嚴格意義上來說，生命體的行為並不會直接改變其基因。如果排除代謝本身對 DNA 的破壞風險，一個生命體不可能靠著自身的行為去改變其基因，這是「天擇說」（natural selection theory）中相當重要的部分，但這與「用進廢退說」（theory of use and disuse）相違背；後者彰顯的是個體基因可以被行為改變。

廣義地說，因為個體行為會影響突變的機會，比如攝取致癌因子較多，也就是吃了能破壞 DNA 的分子較多的食物，會使基因突變的機會上升，從而導致癌症發生。隨著分子生物學的發達，人們已經可以隨意編輯基因，因此上文的古典描述，本身已經不再完全正確，但個體依然很難完全改變自身的基因。

基因功能

基因通常是能合成蛋白質的 DNA 片段，原因為大多數生物體內的反應、作用，都是藉由蛋白質來完成。不難想像，沒有蛋白質的細胞就如同沒有員工的公司，是無法運作的。這也是 DNA 被稱為「遺傳訊息」（genetic information）的原因。

DNA 具有各種基因，合成的各種蛋白質則組成了細胞，細胞們便能自我複製，讓生命延續。使用 DNA 的基因片段組成 RNA 的過程，我們稱之為「轉錄」（transcription）。而將這段 RNA 分子再用於蛋白質的生成，也就是將各個胺基酸按照 RNA 指示而連接起來的過程，我們稱其為「轉譯」（translation）。這兩個過程，除了作為藍本的 DNA/RNA 以外，都需要多種蛋白質的參與才能完成。

由 DNA 生成 RNA、RNA 再生成蛋白質的這個過程，被稱為「遺傳學的中心法則」，即 DNA 決定了生成的 RNA 序列，RNA 再決定蛋白質的序列。所以 DNA 是最高級、最基本的藍圖，而蛋白質是最下游、最後的產品與工作者。這個中心法則一直是遺傳學的基本，然而表觀遺傳學（epigenetics）的出現，擴充了這個中心法則（central dogma），使其更加完善。

基因運用

基因的編輯已經是分子生物學、細胞生物學中重要的研究手段。隨著「常間回文重複序列叢集關聯蛋白」（clustered regularly interspaced short palindromic Repeat/ CRISPR associated protein 9, CRISPR/Cas9）技術的普及，基因的剪接、位移以及植入，都已成為常見的實驗手段。

這些科技的運用，讓我們可以更準確地了解基因的功能，例如觀察一個未知功能的片段對於性狀的影響。從以前使用溫度誘導酵母菌突變，到現在能精確地對準一段 DNA 去進行研究，對於細菌等生物的研究，功不可沒，因為這些生物對於 DNA 修復的機制較為簡單。**DNA 編輯、剪接的機制為人所用，成為現在常見的實驗技術，得以進一步掌控人類疾病的發生與診斷。**

轉錄與轉譯的基本過程

在基因調控過程中，DNA 透過轉錄進行 RNA 合成，再經由轉譯形成不同蛋白質，發揮生物功能。台灣中研院生物學者發現，包裹 DNA 的組蛋白（histone proteins）對於調控 DNA 轉錄，具有關鍵影響力。如果轉錄時間與速度錯誤，細胞將形成分裂，造成人體遺傳疾病與癌症的產生，可見轉錄作用對人類生命的重要性。

 轉錄

轉錄是 RNA 聚合酶利用 DNA 作為模板，去進行 RNA 合成的過程。轉錄是蛋白合成的第一步，藉由 DNA 上的序列訊息轉移到 RNA 上，再將 RNA 為模板，去合成所需的蛋白質。如果 DNA 的序列被錯誤的解讀、過度地轉錄，則可能生成不必要的 RNA，乃至於錯誤的蛋白質可能會形成如癌症等疾病。反之亦然，太少、時機不對的時候生成的 RNA，也可能干擾整個生理機能。由此可見，轉錄對於生命體的重要性。

轉錄是由多種蛋白質結合到 DNA 上的啟動子開始的。這些蛋白質被稱為「轉錄因子」（transcription factor），有些會將 DNA 的雙股螺旋解開，形成所謂的「轉錄泡」（transcription bubble）。轉錄泡會將其中一小段序列的氫鍵解開，使 DNA 成為單鏈（single chain）。當 DNA 成為單鏈之後，RNA 聚合酶便可以結合到單鏈的 DNA 上，這個過程稱為「轉錄起始」（transcription initiation）。

轉錄起始非常重要。若是在錯誤的時間開始轉錄，可能造成不適當的蛋白在不適當的時候生成，會導致遺傳疾病或者癌症；錯誤的轉錄因子，也可能造成錯誤的轉錄起始速度與起始點，使得整個轉錄過程出現偏

差。雖然 RNA 聚合酶也具有修正錯誤的功能，但在低等生物裡面，這個功能較不顯著。

轉錄泡讓 RNA 聚合酶進入並結合在 DNA 模板上，其後的過程稱之為「RNA 延伸」（elongation）。RNA 延伸的過程，就是 RNA 聚合酶以 A 對 U、T 對 A、C 與 G 互對的方式，將 RNA 與 DNA 模板相結合，並將每個 RNA 核甘酸聚合在一起。隨著 RNA 的生成，RNA 與 DNA 的氫鍵會被逐漸解開，而 DNA 會回復到原本的雙股螺旋狀。

這個過程並不僅僅是 RNA 聚合酶的工作，有一些轉錄因子也會結合在 DNA 模板上，藉此調控轉錄的速度與準確性等。例如，轉錄的終止便是由多種蛋白質共同完成的，在真核細胞生命體中尤其如此。轉錄的終止通常由序列所決定，RNA 會形成髮夾結構，藉此降低與 DNA 模板的結合率，因此從模板上脫落。但是，在真核細胞生命體中，這個過程更加複

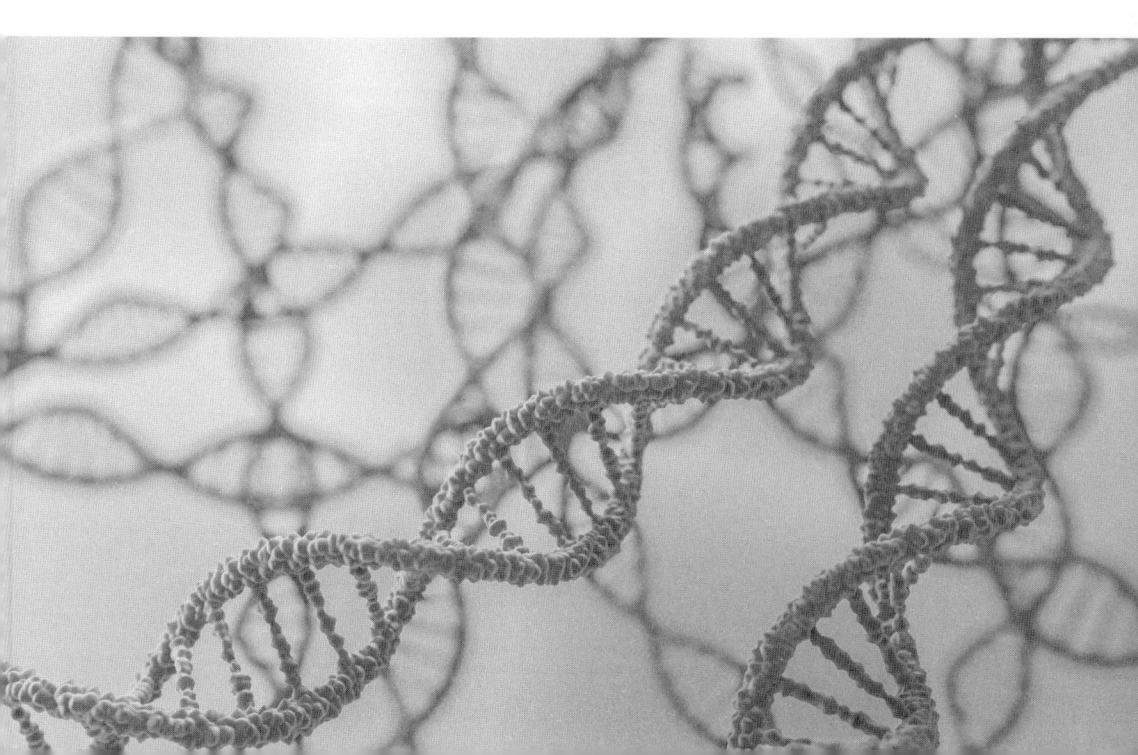

雜，是由多種蛋白去進行 RNA 的變性、剪接，使之脫落。這也是控制轉錄的方法之一。

轉譯

轉譯是核糖體（ribosome）將 RNA 為模板，去進行蛋白質合成的過程。轉譯是蛋白合成的第三步，不是第二步，原因為中間 RNA 還會被進行剪接、修飾。值得注意的是，並不是所有的轉錄都會被轉譯。有時候，RNA 本身就具有生理功能，這時候便不再需要轉譯。轉譯的重要性與轉錄相近，因為其合成的蛋白就是生理功能的基本單位。錯誤的轉譯會產生錯誤的蛋白，衍生出疾病等問題。

轉譯的起始與轉錄略有不同，由於 RNA 本身通常以單鏈存在，並不存在解旋（unwinding）、解氫鍵等問題。通常轉譯的起始是由核糖體與 RNA 的結合開始，結合過後如同轉錄一般，核糖體將帶有胺基酸、也就是構成蛋白的基本單位（transport RNA，tRNA）結合到起使密碼子（start codon）上。

tRNA 是一段具有三個核甘酸、末端接著一個胺基酸的分子。藉由氫鍵的結合，tRNA 與模板 RNA 形成短暫的雙鏈 RNA（dsRNA），而尾端的胺基酸（amino acid）會被核糖體不停地連結在一起，例如前三個核甘酸指示著第一個胺基酸，核糖體將這個雙鏈 RNA 形成後，便前往第四到六個核甘酸，將對應的第二個 tRNA 拿來結成雙鏈，並將其尾端的第二個胺基酸，連接到第一個胺基酸上。

這些被活化過的胺基酸被稱為「胺醯 tRNA」（aminoacyl-tRNA）。如果不活化這些胺基酸，它們本身在作為 tRNA 時，不能互相連結，這也避免了在沒有模板的情況下，胡亂合成蛋白質的可能。當胺基酸被不停地

20　基因調控大解密

聚合時，它們也同時從 tRNA 上被切除，使其能脫離模板，最後結束於終止密碼子。值得注意的是，並不是所有的蛋白質都只需要一次轉譯就能生成，蛋白質的產生有時需要多次轉譯，產生的多個多肽鏈互相組成三級、四級結構；有時轉譯後的蛋白質會需要經過醯基化等修飾過程，才能生成各式各樣的蛋白質。

修飾

不管是轉錄產生的 RNA 或是轉譯產生的多肽蛋白質，在進行生理功能前，都需要經過修飾的過程。修飾的過程是調控基因的重要機制，因為會直接影響 RNA 與多肽的生理機能。例如，一段內含子與外顯子充斥的 RNA，如果不經由適當的剪接，就會產生過長且錯誤的蛋白質。這也告訴我們，修飾 RNA 的過程也可以是調控轉錄的產物，藉此將 RNA 編輯成需要的樣子，而不僅僅是序列本身就能決定一切。

如上所述，RNA 在轉錄過後，可以將內含子剪切掉，並將外顯子連接在一起，以致能形成修飾好的 RNA。有時候，修飾並沒有這麼簡單，另一個必要的修飾被稱為「5' 端帽」（five prime cap），它會將甲基化（methylation）的鳥苷（guanosine）連接到 RNA 上，以避免 RNA 遭到 RNA 分解酶的攻擊。RNA 分解酶的攻擊性非常強，其蛋白在體外環境十分穩定，且能輕易地保持其功能。其他還有多種修飾，例如在三撇端（3' end）的修飾等。RNA 的修飾使轉錄的產物能被更精細地保護與控制。

多肽鏈（polypeptide chain）的修飾就更為複雜。由於蛋白的多樣性，多肽鏈必須經由多項修飾過後，才能成為一段有功能的多肽，有時並與其他多肽合成高級結構，以形成蛋白質。多肽通常會被加上各式各樣的官能基（functional group），例如甲基、醣化（glycation）等。這些官能基有

時能發揮活化蛋白的作用,有時則可以抑制蛋白活動。

另外,多肽鏈的剪接也可能發生,例如在胰島素(insulin)的生成時便會發生,剪接後的多肽鏈才是有功能的胰島素。其他如改變多肽鏈的高級結構,將它與其他多肽互相結合,或者是將其它多肽直接插入其序列,都是有可能發生的轉譯後的修飾過程。**轉譯後的修飾五花八門,其複雜度也揭示了基因調控,或者說表觀遺傳學的複雜程度。正是有了這個高度複雜的控制網路,使得複雜的生理機能被正確地表現。**

第 2 章

基因調控概述

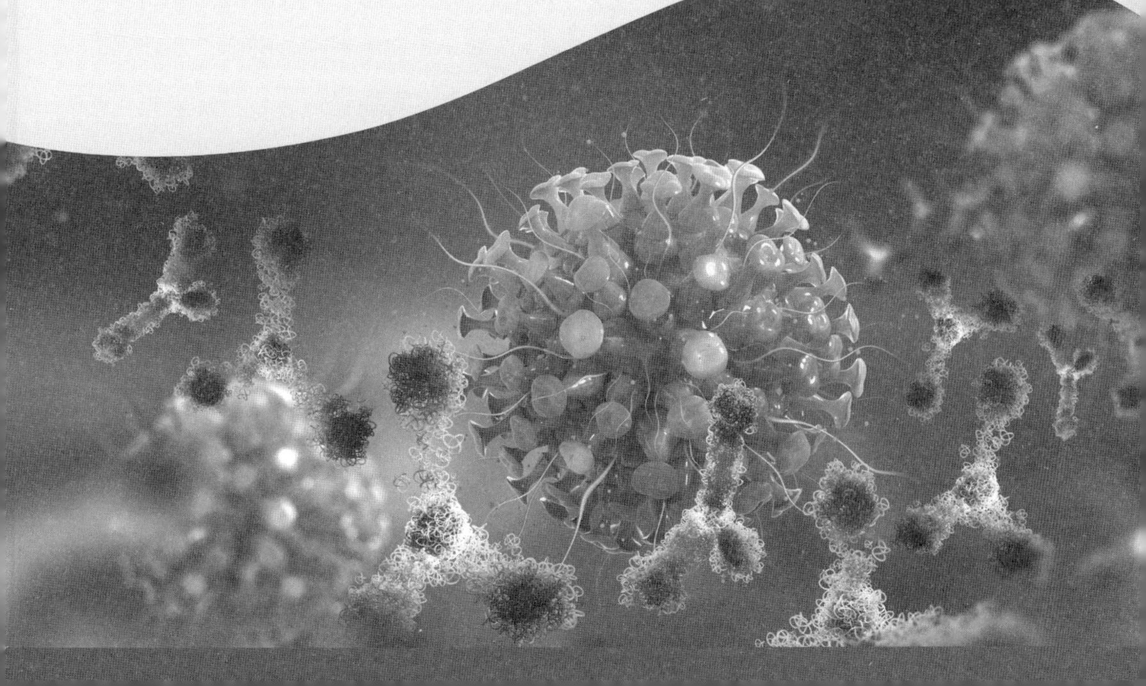

基因調控的定義與方式

　　基因的調控管制了基因何時、何處,以及表現(expression)的量。為何基因的調控如此重要呢?因為基因作為藍圖是固定的,但複雜的基因調控網絡往往決定了一個幹細胞(stem cell)如何分化,一個細菌能否消化食物,乃至於一個物種如何演化。因此,基因調控不只是對分子生物學家來說很重要,對於醫學、演化學、農業等不同面向而言,都有十分重大影響。

　　基因調控的方式多種多樣,有利用 RNA 的、使用蛋白質的,又或者可以分類成控制轉錄或轉譯的,而且基因調控並不單獨作業,是多項基因的多種調控方式,構成一個複雜的調控網絡。這個複雜的網絡,使生物能應對複雜的生存環境變化。

 基因調控定義

　　基因調控,指的是利用各種生理機能去調整生物的基因表現。調整的參數有表現時機、表現位置,以及表現的量。如前所述,基因是生理功能的總藍圖,但是藍圖被如何施工、如何建造,就需要另外一套系統來完成。這套系統就是基因調控,利用各種蛋白、RNA 對基因表現進行控制。

　　基因調控的目的,簡單地說,**基因調控掌握了絕大多數的生理機能**,比如當有病原體入侵時,B 細胞的某些基因必須被表現,而這些基因的表現,最終產生了抗體(antibody),進而對病原體(pathogen)進行沉澱與清除。這是基因調控的其中一例。也就是說,**基因調控是為了環境改變所做出的調整**。

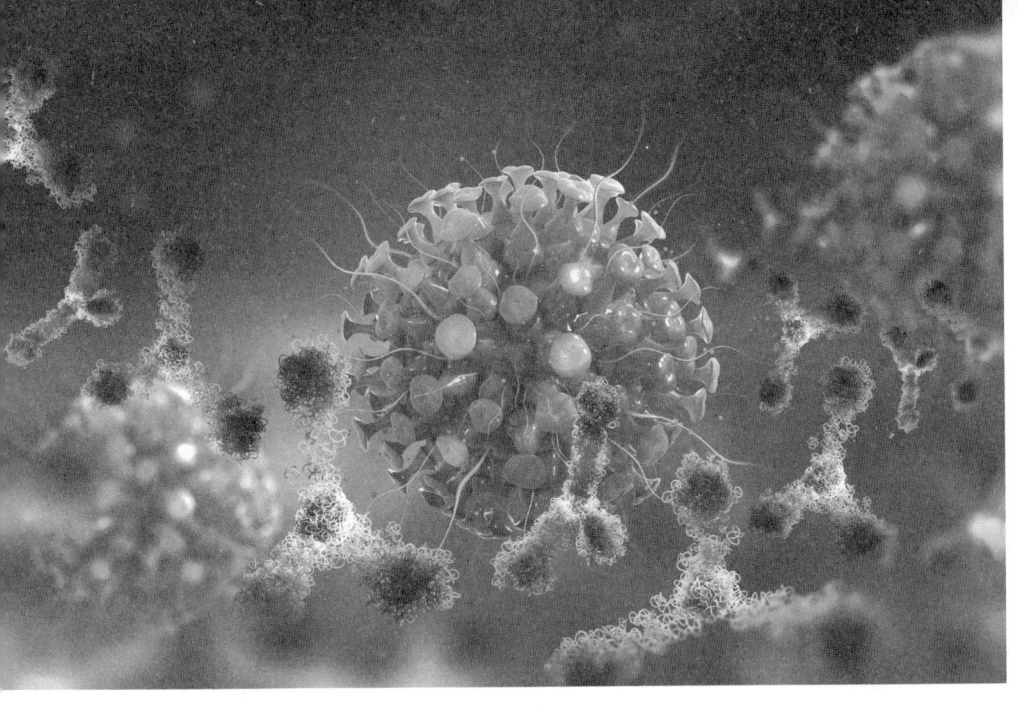

第 2 章 基因調控概述

　　基因調控也可能像定時炸彈一樣。好比說，嬰兒與成人的骨細胞成長速度截然不同，這是因為有關生長的基因，在嬰兒體內表現遠較成人旺盛，所以嬰兒的骨頭發育的比成人要快。然而，並不是所有的基因被表現就是好事，比如生長有關的基因如果表現旺盛、失去控制，就形成癌症。這些細胞甚至是永生的。至今，仍有些癌症病患的癌細胞在實驗室裡發揮著重要的功能，作為細胞生長的模型被進行著各種實驗。

　　從這些案例中，我們可以為基因調控下一個定義：**基因調控就是基因如何被表現，而這是由環境、時間或是物質所決定的。**通常基因調控的主角是蛋白質，比如先前提到的轉錄因子們。它們藉由在正確的時間、正確的地點，結合上 DNA 去進行轉錄的起始；而決定轉錄的起始，就決定大半基因的表現，因為當轉錄開始之後，能讓轉錄酶（RNA polymerase）停下來的，也只有其他調控蛋白或 RNA 而已。

基因調控方式由蛋白質完成

如前面所提過的，基因的調控主要由蛋白質來完成，因為蛋白質是執行大多數生理功能的分子。由於蛋白質本身需要 DNA 去進行轉錄，然後轉譯，之後生成，所以蛋白質的作用與 DNA 的作用並不是純粹的「命令與服從」關係，並沒有明顯的上下級，而是和人際網絡一樣，是一套極其複雜與精密的系統。

這也就使得，表觀遺傳學在近年來受到更多重視。人們意識到，**DNA 生成 RNA、再生成蛋白質的中心法則，並不是生理機能的全部，而是表現後的蛋白又會回頭控制 DNA 的表現，從而去影響整個生理機能。**

最簡單的蛋白調控基因可以從細菌的乳糖消化（lactose operon）開始。當乳糖不存在環境中時，一種蛋白質會緊密地結合在乳糖酶基因的起點，擋住轉錄酶的前進，我們姑且稱這個蛋白為「阻礙子」（represser）。

當乳糖出現的時候，乳糖會與阻礙子結合，從而改變阻礙子的結構，進而使其從 DNA 上脫落。當阻礙子從 DNA 上脫落後，轉錄酶便能將乳糖酶（lactase）用於消化乳糖的蛋白基因轉錄出來，進而形成乳糖酶去消化環境中的乳糖。

由這個經典案例中可以了解，一段基因本身的表現，可能是被其他的基因所表現出來的蛋白所控制。阻礙子並不是乳糖消化酶，而在這個案例中，阻礙子的表現是由另一組基因來完成。

如細菌等原核生物（prokaryote），它們並沒有細胞核，所以 DNA 可以被輕易地接觸與控制。真核生物（eukaryote）等有細胞核的生物，由於有組蛋白的關係，如何將這些長期固定著 DNA 的蛋白移除，便成了基因調控的另一層控制機制，也使得真核生物的基因調控比原核生物更加複雜。然而，組蛋白也不是都一模一樣，各種不同的組蛋白變異體（histone varient）可以辨識並纏繞特定片段的 DNA，它們也有著與其他組蛋白不一樣的結合力，所以可以藉此控制纏繞著的基因。組蛋白的變異便因此成為分子生物學相當重要的領域。

RNA 對基因調控有更高精確性

　　相較於蛋白，RNA 控制 DNA 表現的方式比較特殊，因為 RNA 能與 DNA/RNA 進行雜交，也就是相對應的鹼基對（base pairs）能夠以氫鍵相結合。所以，RNA 對於基因的調控，可以有更高的精確性。一種最常見的調控機制是 RNA 干擾（interfering RNA, iRNA）。RNA 干擾起於外源的雙鏈 RNA，當它被細胞攝取後，iRNA 與 mRNA 進行雜交（hybridization），形成特異的雙鏈 RNA。這類 RNA 會被細胞內的蛋白辨識並切成極小的片段，使得原本被表現的 mRNA 無法發揮作用。

　　iRNA 系統可以被視為一種基因的免疫機制。當細胞受到感染、開始生成病毒所需的 mRNA 時，細胞體內尚有的病毒 RNA 便會與這些 mRNA 進行雜交，從而被細胞辨認出來並切除，以使細胞不能繼續生成病毒。

　　iRNA 的特異性使人們特別容易用它進行基因編輯（gene editing），將想要關閉的基因 RNA 合成並送入細胞中，使其與相對應基因表現的 mRNA 進行雜交，讓它被細胞降解，藉此來達成關閉該基因的目的，這也使得基因療法（gene therapy）與基因編輯成為可能。

　　由於這種方法需要外源性（external）的 RNA，且不能直接改變細胞的基因組，所以不停地給藥（adminstration）便成為必要手段，這也限制了 iRNA 機制作為基因療法的功能。

調控的重要性

　　基因調控決定了絕大多數的人體生理功能。換句話說，表觀遺傳學相較於傳統遺傳學而言更爲博大，系統更爲複雜，掌握了更多遺傳的訊息。而這些訊息都儲存在名爲「基因調控」的網絡裡。表觀遺傳學的重要性雖然一直存在於生命體中，但直到近代才被仔細研究。這固然與分子生物學工具發明的較晚有關，但表觀遺傳網絡的複雜程度，才是讓它一直發揮著重要作用、卻不爲人所知的關鍵。

細胞免疫

　　基因調控的變化性與多樣性，在細胞免疫中扮演著重要的角色。試想，每個人的基因都是獨一無二的，如果每個細胞的基因都是一樣的，只有一套系統該如何應對數不盡的外來病原體威脅，從而產生針對各種病原體的抗體呢？在免疫細胞裡，它的基因永遠都只有父母遺傳的那一組，這組基因要如何面對千變萬化的病原體呢？

　　免疫細胞中的 B 細胞負責抗體的產生，其中 B 細胞又分爲生成抗體的「漿細胞」（plasma B cell）與記憶抗體的「記憶 B 細胞」（memory B cell）；前者負責對外來的病原體做出反應並生成抗體，後者則記錄抗原的特徵並維持在身體內多年、以面對未來同樣的抗原再次出現。科學家也研究證實，若人體擁有越多的 B 細胞，則免疫力就越強，越能抵抗新的病原。

　　抗體必須貼合抗原，而抗原的多樣性使得抗體本身的可變性必須非常高。用於生成抗體的基因座，也就是可以生成抗體的基因，本身非常的廣大，但基因能容納的訊息畢竟是有限的。以人爲例，約有六十五種可變

區基因來做選擇，但這並不代表人只能應對六十五種病原體。若要能應對遠多於此的抗原，這些基因不僅要被表現，更要能對應著抗原來進行排列組合，這個過程被稱之為「V（D）J 重組」（V（D）J recombination）。其中，V 代表可變段，D 代表著多樣段，而 J 代表連結段。

這個重組過程使得抗體的可變區域能有相當多的變化。**藉由減去不符合的片段，連結剪切後的片段，不斷的重複與循環，就能產生各式各樣具有特異性的抗體**。從六十五組基因座變成能應對數不盡的抗原，這是基因調控的複雜性所給予的——藉由將表現後的蛋白進行剪切與組合，從而排列出無數種的結合區，藉此對應千變萬化的抗原。

細胞分化

不論人類如何行動，除了感染某些病毒與接觸突變因子之外，生命體的基因是從受精那一刻起就決定了！而這也意味著，在不突變的狀況下，身體裡的每個細胞都具有相同的基因。這不禁令人好奇，骨細胞（osteocyte）十分堅硬，但表皮細胞（epidermal cell）又充滿彈性；心肌細胞（cardiac muscle cell）必須支撐起無數次的收縮與擴張，而脂肪細胞（adipocyte）似乎什麼都不做。組成生命體的細胞有各式各樣，但明明基因是同一型，究竟是如何分化成這麼多樣的細胞呢？這一切可從在胚胎發生時說起。

胚胎從一個細胞開始，複製了幾次以後，即開始以位置不同來產生不同的細胞因子。這些細胞因子的分布，決定了位處該地細胞的命運。細胞們吸收這些細胞因子，關閉或啟動特定的基因，從而產生不同的蛋白，

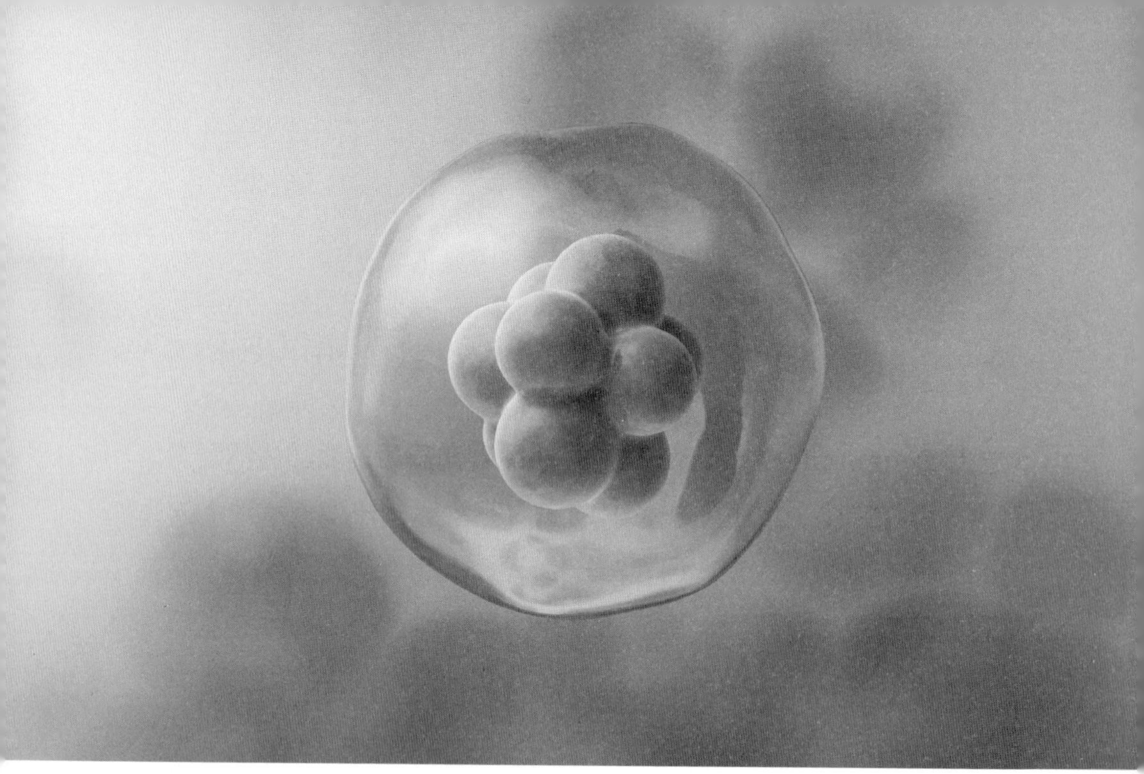

而這些蛋白在細胞內、外的累積,使得細胞彼此間的差異越來越明顯。

　　位於胚胎外層的細胞會積極地分泌角蛋白(keratin),那是一種強韌堅硬的蛋白質,從而使細胞變成如橡皮一般,能抵擋各種拉扯;而內部的細胞則會表現其他種的蛋白,譬如肌肉組織會表現肌動蛋白(actin)與肌凝蛋白(myosin)。這兩種蛋白會分別聚集成細與粗的肌纖維(muscle fiber),因而使肌肉組織變得有彈性且可以自在收縮。**同樣的基因、不同的表現,透過複雜精密的基因調控網絡的控制,決定了每個細胞都能盡忠職守。**

 ## 基因療法

　　為了避免出現人體免疫反應,使用自體細胞成為了細胞療法的重要選項。人們將體內的幹細胞取出,在體外的環境擴大繁衍,然後再次注入

體內，從而達成再生醫療的效果。**幹細胞就如同胚胎的細胞一樣，可以被想成是經過細胞分化前、擁有表現更多基因功能的細胞。**

這些細胞與身體內的細胞帶有相同的基因，因此不會被免疫系統辨識並消滅，而這些細胞在細胞因子的導引之下，能分化成各種組織，補足缺失的組織。然而，幹細胞是有限的，尤其是在成年之後，體內的幹細胞數量會大幅下滑。這時候，誘導型多能幹細胞（induced pluripotent stem cell）就派上用場了。

何謂誘導型多能幹細胞？就是利用慢病毒（lentivirus）等載體，將轉錄因子的基因大量轉移到細胞內，迫使細胞去表現這些轉錄因子。除了表現這些轉錄因子，為了符合類似胚胎幹細胞的生活環境，這些被轉染的細胞，會和胚胎幹細胞養在同一個環境裡面。

經過多代的培養之後，原本已經被分化完成的體細胞（somatic cell），就會因為這些轉錄因子以及胚胎幹細胞的培養環境，轉變成類似胚胎幹細胞的誘導幹細胞。這些幹細胞和胚胎幹細胞一樣，具有再生成體內各種組織的功能，可說是返老還童的顯現，而這都要拜轉染的轉錄因子所賜。

原則上，基因是不能被大幅改變的。要永久性的基因改變，需要複雜的工程，然而短暫地轉染使細胞能生成轉錄因子，從而開啓一些原本已被關閉的基因，就能使細胞恢復到分化前的狀態。

誘導型多能幹細胞的發明，無疑為再生醫療帶來龐大的希望。**原本只能由體內獲取的幹細胞，而且數量必定隨著年齡增長逐漸減少，經由轉錄因子的短暫表現過後，就能從數量龐大的體細胞中生成幹細胞，加速人體修復。**如果沒有轉錄因子開啓基因的功能，這項技術就不可能成真。由此可以窺見，表觀遺傳的強大之處。

第 2 章　基因調控概述

基因調控的歷史背景

　　基因調控的發現與分子生物學的發展關係甚密，然而最早的發現其實是來自傳統的遺傳學，或者說是農業上的育種學。儘管人類在20世紀的60年代初才解出DNA結構，但表觀遺傳學的發展在80到90年代有顯著的進步，一直到最近都做為生物學的顯學而活躍著。

轉位子（transposable element）

　　最早的表觀遺傳學發現其實比發現DNA的結構還要來的早。1944年的冬天，美國著名的女性細胞遺學家芭芭拉‧麥克林托克（Barbara McClintock）發現自己種下的玉米有些異樣，一些自花授粉（self-pollination）的玉米，也就是從自己的花粉授粉的玉米，理論上基因應該不會改變，其葉面卻出現了不同於原株的斑點。在排除玉米是被傳染了以後，芭芭拉認為應該是玉米的基因發生了改變。在20世紀初發現的染色體成為了懷疑對象，當時人們已經知道基因是在染色體上面的，只是DNA的結構尚未被知曉。

　　芭芭拉檢查了這些玉米的染色體，她發現某些片段居然改變了位置。這個發現與傳統遺傳學的不一致，原因是傳統遺傳學和演化學認為，基因是父母給予，而且不論後代的行為為何都不會出現改變。但自花授粉的玉米染色體與原株出現顯而易見的不同，使得芭芭拉做出了一個大膽的假設，既然表現型是基因賦予的，但她發現即使是自花授粉的玉米，表現也可能出現改變，而且她又觀察到染色體的長度不一致，於是她認為基因可以自發改變位置。

▲發現基因轉位的芭芭拉是首位沒有共同獲獎者、單獨獲得諾貝爾醫學獎的女科學家。

（照片來源：Smithsonian Institution/Science Service; Restored by Adam Cuerden, Public domain, 維基百科）

這個假設改變了基因自遺傳開始就是不變的理論，所以在當時的學界並不受重視，並認爲是異端邪說。直到二十年後，當人們又從細菌身上發現同樣的現象時，學界才意識到這個偉大的發現，並在 1983 年頒給芭芭拉諾貝爾醫學獎。

 乳糖操作子（lac operon）

乳糖操作子是表觀遺傳學的一個經典發現，它是在 1961 年由兩位法國

生物學家方斯華賈克柏（François Jacob）及賈克莫諾（Jacques Lucien Monod）所發現。腸道內的細菌平時是不消耗乳糖的，因為相較於其他醣類，乳糖的存在較為稀少，但是當乳糖出現時，細菌會產生乳糖酶以消化乳糖作為食物，而乳糖酶的基因會被一個稱為阻礙子（blocker）的蛋白所阻擋。

阻礙子會與轉錄乳糖酶的起點緊密結合，從而避免轉錄酶進行乳糖酶的轉錄，因為生成蛋白對於生命體而言，是一件需要消耗能量的事情。而乳糖出現時，會與阻礙子結合，改變它的結構，使其從轉錄起點脫落，並使得乳糖酶的基因能被轉錄出來，形成乳糖酶並消化乳糖。

值得注意的是，藉由隨機的突變與在類似乳糖（但不能被消化）的化學物異丙基-β-D-硫代半乳糖苷（isopropyl β-D-1-thiogalactopyranoside, IPTG）的幫助下，乳糖操作子被發現，阻礙子其實就編碼在乳糖酶的前面。只要阻礙子基因出現突變，使得阻礙子無法被表現的時候，乳糖酶的表現量就會上升。

DNA 甲基化（DNA methylation）

在發現 DNA 與解密其結構以後，DNA 的序列是遺傳資訊的重要信使這一點，被人們廣泛接受。然而，DNA 甲基化的發現使其變得更為複雜。DNA 甲基化指的是鹼基有時會被加上一個甲基，而這並不改變 DNA 的序列，鹼基本身只是多了一個甲基，而且這個反應是可逆的。

DNA 甲基化的結果是什麼呢？一般來說，被甲基化的 DNA 會無法轉錄。所以，在轉錄起點被甲基化的基因便無法轉錄。在脊椎動物當中，基因有一種被稱之為「CpG 島」（CpG Island）的片段，而在體細胞中大約有 75% 的 CpG 島上的 DNA，都被甲基化了。

在許多基因的前端，便是由這些 CpG 島所構成。也就是說，體細

胞內大約有 75% 的基因是被關閉的。而這現象在胚胎細胞中並非如此，CpG 島在胚胎細胞中被甲基化的比例較少。但是，甲基化的過程也十分迅速，通常在胚胎發展的前兩個階段（大約幾天之內）就會完成。也就是說，**細胞的命運在胚胎發展的前幾天就被決定了。**

有趣的是，去甲基化（demethylation）的過程也非常迅速，幾乎在受精後數小時就會完成，而在胚胎發展的數天後，甲基化又被迅速地完成。這可以顯現，其實多數的基因都需要被嚴密地控制著。在 DNA 序列不改變的情況下，這個過程被 DNA 甲基化以一種極具效率的方式完成。

另外，在癌症的病理機制中，DNA 的甲基化其實是會上升的。比如在大腸癌中，大約會有 6～8 個基因出現突變，同時有 600～800 個基因會被高度甲基化而靜默（silence），可見基因的靜默與表現型態的改變，對於生理機能的調節有多麼重要。此外，這裡並不是說 DNA 不甲基化是好的。**在絕多數時候，DNA 的甲基化仔細地控制著生理機能，而且這個過程是被一連串的蛋白所控制。所以，基因的靜默並沒有所謂的好壞之分，而是在對的時候要有對的基因表現。**

常間回文重複序列叢集關聯蛋白（CRISPR/Cas9）

2020 年，諾貝爾化學獎頒給發現 CRISPR/Cas9 的兩位女性科學家，使人們有了精準控制基因的能力，而這並不是靠著直接合成基因（gene synthesis）或者消滅基因，而是藉著蛋白質的調控力量來完成。CRISPR/Cas9 原本是一套細菌的免疫系統，CRISPR 指的是類似於人類記憶免疫細胞的一種結構，細菌會將曾經侵蝕過它的噬菌體（bacteriophage）或者質體（plasmid）的基因，編入自己的基因裡，將其剪成短片段後不斷重複。

這些短片段會被細菌轉錄，形成短片段的 RNA 並在其體內不斷循

環。這時候，另一種蛋白登場了，它就是 Cas9。當這些在體內循環的短片段 RNA 找到了序列類似的 DNA 並進行雜交，Cas9 蛋白便會辨認這些複合體（complex），並將其切成更短的片段。由於這些外源性的 DNA 是病原體試圖入侵細菌、並使其為它合成蛋白的基因片段，Cas9 蛋白的作用便是阻擋了這些 DNA 變成蛋白的過程，直接降解 DNA。

人們發現了這個機制過後便想到：我們可以合成想要切除的基因片段，將其與 Cas9 蛋白一起送入體細胞內，使這些片段與想要消除的基因片段雜交，Cas9 蛋白便會像在細菌體中一樣，將這段 DNA 切成小碎片。藉由 DNA 修復酶的作用，將斷裂的 DNA 接回去，但是並不會把小片段的 DNA 組回（因為序列的資訊已經被摧毀）。

因此，穩定的、可繁衍（stable, reproducable）的基因編輯過後的細胞，就此誕生。**CRISPR/Cas9 系統的發現讓人們能利用想消除的基因片段與 Cas9 蛋白，去任意編輯基因組。**儘管也有脫靶（off-target）的狀況會發生，所以更精細的研究仍待解決，但是這已經是一套相當準確的系統，在研究領域已經被廣泛使用。

如何調控基因？

何謂「調控基因」？**調控基因就是藉由外來因子的活動，來影響、改變基因表現的過程。**這些外來因子可能是環境變化，也可能是細胞位置或是毒素（pathogen）的影響。這些外來因子的訊息會藉由蛋白質或者 RNA 傳遞，進而改變基因表現的過程。

被改變的可能是轉錄的啓動，可能是 mRNA 的修飾，或是蛋白的修飾，也可能是 DNA 的纏繞與甲基化。這些改變最終使得基因的產物蛋白質含量與本性出現變化，從而對應外界因子的刺激。

轉錄因子

轉錄因子指的是能調控轉錄過程的蛋白，例如乳糖操作子中的阻礙子蛋白，就屬於轉錄因子。其作用十分簡單直覺，就是藉由與乳糖的結合來改變自身的結構，從原本的 DNA 結合蛋白中，變成游離的蛋白，藉此將轉錄酶與基因的阻隔移除。這是轉錄因子的常見作用方式。

轉錄因子經常藉由結合在 DNA 上，去直接影響轉錄的效率，比如直接阻擋轉錄的起始，或者加快／減緩轉錄的速度。有時候，轉錄因子並不直接結合 DNA，而是與一群轉錄因子形成一個龐大的複合體，一起結合在 DNA 上。其實，這種結構比簡單的阻礙子機制更爲常見，允許更複雜的控制。

因爲有更多的蛋白，轉錄的控制能由更多樣的路徑（pathway）來誘導與啓動。這也說明了，轉錄因子往往是一串蛋白訊息傳導的最下游，因爲其後的路徑就會改由轉錄酶進行 RNA 合成來進行。而 RNA 合成的目的又是生成蛋白，從而如前所述，**所謂的基因調控並非簡單的單向控制，**

而是由一個複雜的網絡所組成，其中的路徑可能是環狀的，也可以是多分歧的，而這些複雜的機制，全都是為了應對複雜的外界環境而演化出來的功能。

轉錄因子相較於蛋白訊息傳導，它們的功能可說是簡單明瞭，藉由結合在 DNA 上，去改變、影響轉錄的效率。轉錄因子雖然作用機制相對單純，但為了複雜的環境，其啟動機制也顯得複雜，藉此對應複雜的外來訊息。

干擾 RNA

干擾 RNA 是另一種相對簡單的基因調控機制，某種程度上來說，甚至比轉錄因子簡單。干擾 RNA 的作用機制就是藉由 RNA 與 mRNA 的雜交，形成複合體後，會被蛋白辨識從而將其降解（degradation）。之所以稱為簡單，是因為其機制是單一的：結合後被降解。然而，其精確度卻是驚人的，因為干擾 RNA 必須經由序列的吻合來形成雜交並組成複合體，從而被降解。

序列的吻合使人們得以精確地調控基因。人們可以在體外合成、剪切所需的 RNA。由於是人為製造的，所以序列可以被控制，因此人們可以對該序列所對應的基因進行控制。這是干擾 RNA 帶給人們的福音。

干擾 RNA 起源自植物等簡單生物，它們將 RNA 在體內循環，作為細胞因子在細胞間傳遞訊息。干擾 RNA 因此可以在不同的部位引起不同的基因控制。在簡單的生物，如線蟲（Nematoda）中，也發現了類似的機制。

干擾 RNA 的序列不一定很長，不一定得對應到整個基因，而是大約 20～40 個鹼基長，這些 RNA 被稱之為「短小干擾 RNA」（siRNA）。

儘管短，但短小干擾 RNA 所能攜帶的訊息量已經足夠多，可以想像 4 的 20～40 次方，會有多少種排列組合！這是非常大的數字，能對應到的 RNA 就已經足夠多了。

短小干擾 RNA 在合成時會被一組一組的合成，然後剪切形成一群的短小干擾 RNA。**短小干擾 RNA 的機制帶給人類的是基因療法，藉由在體外合成的 RNA 去進行基因的干擾與靜默，從而改變病徵。**

短小干擾 RNA 的序列長短使得簡單的純化學合成變成可能，藉此輸入體內進行治療。然而，RNA 酶的廣泛存在與堅韌性（robustness）一直是 RNA 療法的一大阻礙，不管對於疫苗或者短小干擾 RNA 的基因療法來說，只要使用到 RNA，勢必得對付 RNA 酶。這也是 RNA 治療至今仍然不能像小分子藥物般普及的一大原因。

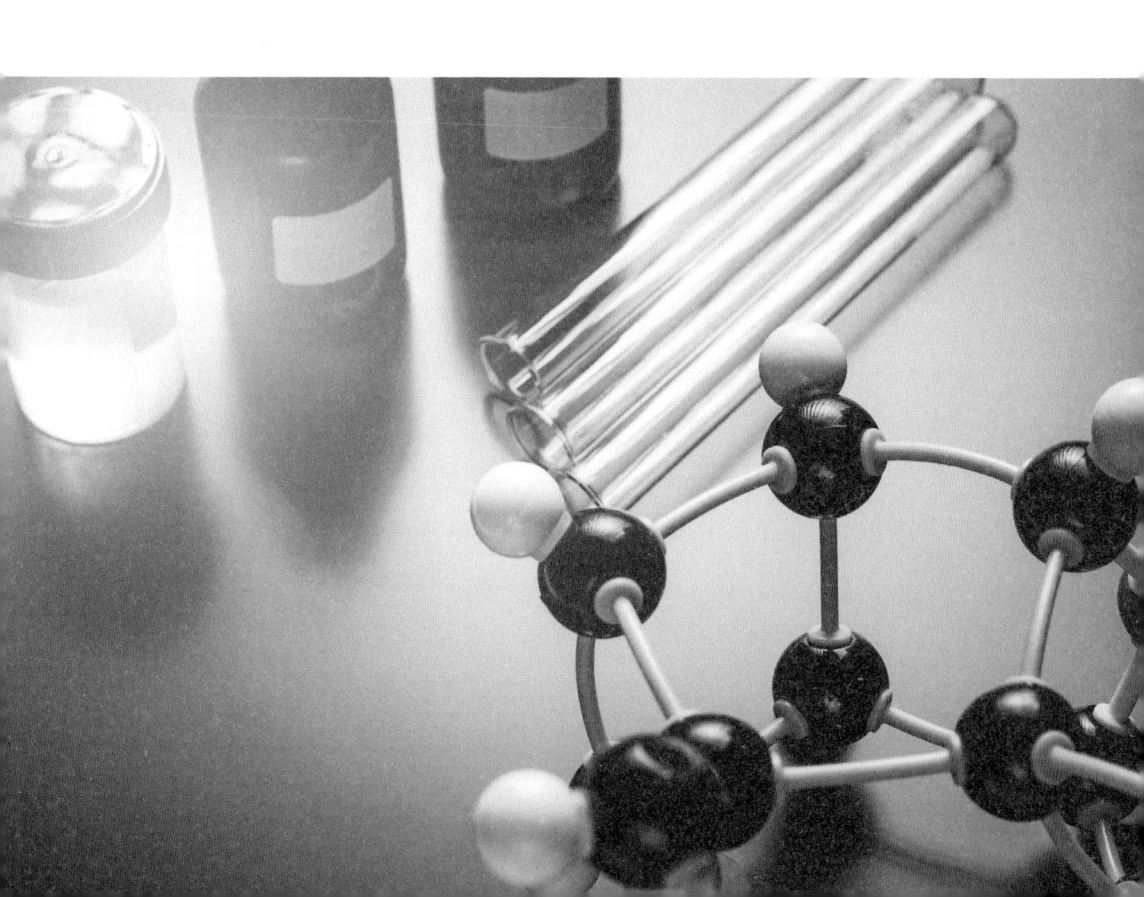

蛋白訊息傳導

在傳統的生物學中，蛋白訊息傳導並不被視為是基因調控的一環。本節將此列入的原因，是因為蛋白的訊息傳導雖然終點不一定是轉錄，但對於基因表現的最終目的——蛋白功能，有著至關重要的作用，因此將蛋白的訊息傳導列為基因調控的一環。簡單的蛋白訊息傳導路徑有以下例子：

（1）TLR4 是一種形狀類似於錨、結合於細胞表面的蛋白，其作用的方式有兩種。一種是藉由結合細胞外的脂質（lipid）訊息分子後，釋放原本結合於細胞內的其他蛋白，從而引發一系列的蛋白活化與抑制，最終傳遞訊息到轉錄因子。

另外一種機制則更為神奇。該蛋白在結合脂質訊息分子後，會與細胞內的一大群蛋白結合，將其自身從膜上拉下來到細胞內，其會形成胞內體（endosome）——一種由細胞膜碎片組成的脂質小球。在形成胞內體後，該蛋白會直接結合到細胞核的內膜上，然後藉由一連串的蛋白訊息傳導，使轉錄因子啟動。

（2）另外一個最常見的蛋白訊息傳導是 G 蛋白偶聯受體（G protein-coupled receptor, GPCR）。G 蛋白偶聯受體的訊息很廣泛，乃至於現代醫療約有 40% 的藥物，其標靶為 G 蛋白偶聯受體，可見得其能發送的訊息複雜度。簡單來說，通常 G 蛋白偶聯受體在接收到細胞外的訊息後，會使得 G 蛋白將三磷酸鳥苷（guanosine triphosphate, GTP）轉化為二磷酸鳥苷（guanosine diphosphate, GDP），而這個 GDP 分子就會活化 G 蛋白，從而使其與下游不同的蛋白結合。人的視覺、嗅覺，都與 G 蛋白偶聯受體有關。

蛋白形成的訊息網絡是基因表現的成果，但也相對的，蛋白的訊息網絡也反過來控制著基因的表現，藉此我們才能有如此複雜精細的生理功能與身體，去適應外在萬變的環境變化。

第 3 章

GNMT 基因

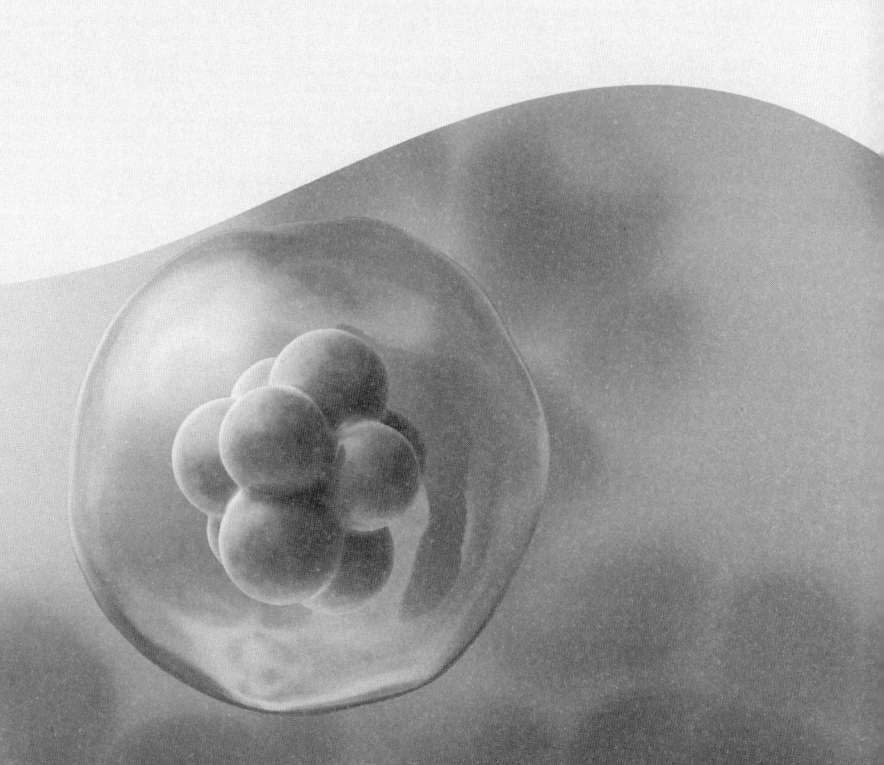

GNMT 基因在哪裡？

　　與眾多的基因一樣，GNMT 基因有著多樣化的功能，其產生的 GNMT 蛋白在肝臟功能中扮演著重要的角色，它的功能與脂肪肝、肝癌，乃至於肝硬化等多種肝臟疾病相關。能在多種的疾病中扮演重要角色，是因為 GNMT 對於粒線體的影響。粒線體是負責製造細胞能量的來源，它吸收葡萄糖並將其轉換成蛋白所使用的能量傳遞分子 ATP。粒線體的功能與多種需要高度能量的器官疾病有關，如腦部、肝臟，乃至於全身的代謝性疾病，粒線體都有可能參與其中。**而 GNMT 的功能就與粒線體息息相關。**

基因座

　　GNMT 基因和其他的基因一樣，都位於染色體的某段，而 GNMT 基因是坐落於 6 號染色體的 6p21.1，大約是在 42.961Mbp 到 42.965Mbp 之間。GNMT 基因做為一個基因，它的啟動子、增強子等基因啟動元件，並未被深刻的研究。但是，GNMT 基因啟動的上游路徑、轉錄因子等部分，則因為其病理功能的重要性而被仔細地研究過。

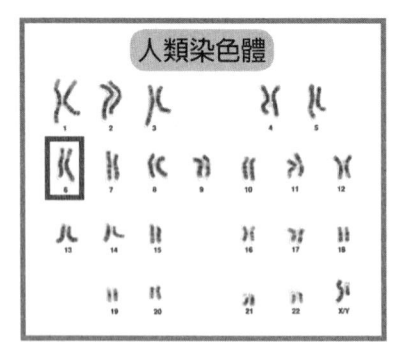

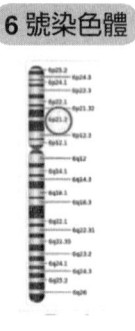

▲ GNMT 的基因座。

GNMT 基因有六個外顯子，使得 GNMT 基因有三種選擇式剪切，能至少形成三種同分異構物（isomer）。較為單純的剪切機制讓這個蛋白的序列較為保守，也就意味著這個蛋白的演化，可能是較為悠久且穩定的。目前的蛋白已經能很稱職地完成在演化上的作用，使其序列並不需要具有高度的多樣性。此外，GNMT 基因在靈長類中高度保守，人的 GNMT 基因和低地黑猩猩、矮黑猩猩與黑猩猩等動物，序列幾乎一致。總共有 199 種物種的 GNMT 基因序列被稱為人的直系同源（orthologues），顯示它的高度保守性與演化功能的完整性，以及較為缺少的變異性。

有趣的是，GNMT 的轉錄起始與上游的冠層三同源蛋白（canopy FGF signaling regulator 3, CNPY3）基因是一起的，這兩個基因有相同的啟動子。在轉錄 CNPY3 基因時，同時也會轉錄 GNMT 基因。GNMT 基因總長 3127 個鹼基，轉錄後具有 295 個胺基酸，分子量約為 32kDa，並不算是巨大的蛋白。但是，活化的 GNMT 以四聚體（tetramer）的型態行動，這賦予 GNMT 多樣化的功能，因為可以藉由小單元的分別活動，去進行更複雜的生理機能。

器官分布

如前所述，控制細胞分化的是基因表現，而基因表現又與細胞因子等外界傳訊分子有關。總的來說，不同的器官其表現的基因有所不同。但是，這並不是說絕對的有或沒有，而是表現的量會有所不同。更細的說，器官內的組織也會有不同的表現量。一般最常用於檢測表現量的檢驗方法，是定量即時聚合酶連鎖反應（quantitative real time PCR, qPCR），

藉由將細胞內的 mRNA 反轉錄為 DNA，以此作為模板並使用 qPCR 過程，監控在 DNA 合成酶的活動之下，究竟有多少的模板能被擴增為更多的 DNA。

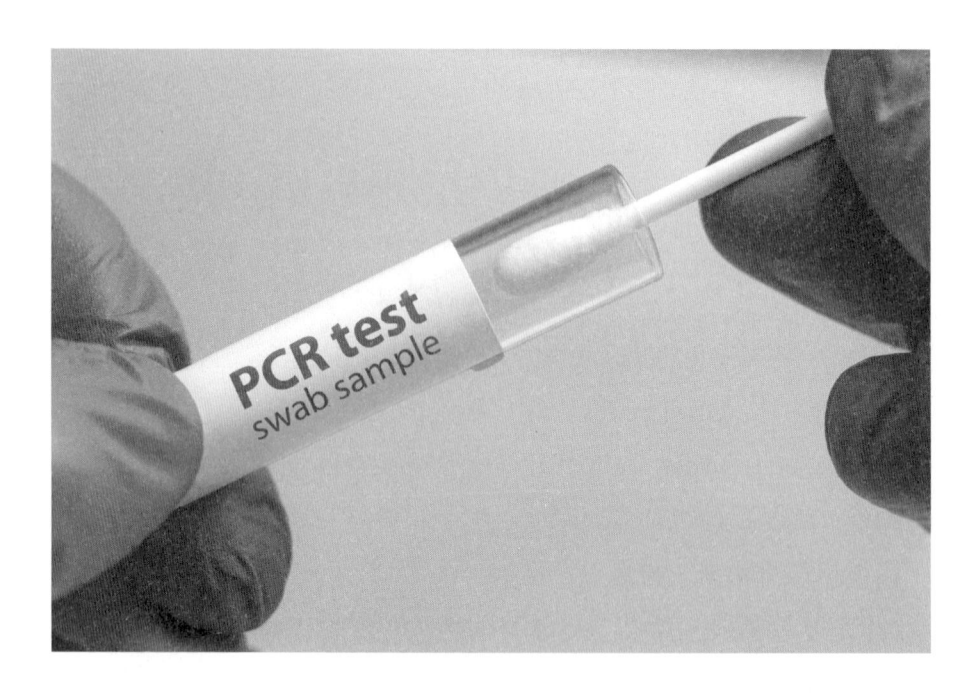

另外一種方法是**免疫組織化學染色法（immunohistochemistry, IHC）**，利用抗體與抗原的結合作用，人們可以將組織切成薄片，並且將其浸泡於抗體之中。利用抗體上的成色分子去觀察抗體聚集於何處，就可以知道在組織中某蛋白的表現量。這兩種方法在病理學、檢驗學，乃至於傳統的生物學，都具有廣泛的應用，是人們研究蛋白質的重要利器。GNMT 蛋白也類似於其他的蛋白，在各器官、組織中的表現量有所不同。

在不同的資料庫中，GNMT 在各組織的分布會顯示有些不同。這是因為其使用的檢測方法與評分機制有所不同所導致。但總體而言，表現最多通常是肝臟跟脾臟，再來則是大小腸、性器官、骨髓組織等。有關於其

在各器官中表現量分布的不同，顯示出的涵義並不十分清楚。

但是，在肝臟中的高度表現，說明這個蛋白與解毒、代謝等生理功能，具有高度的相關性。有關 GNMT 蛋白的研究，也著重在其解毒的功能，這可以顯示在肝臟的表現量遠大於其他器官。根據 NCBI 數據庫，肝臟表現量最高，且幾乎為脾臟的三倍，是性器官的七倍以上，其餘器官則沒有更高的表現量。這些結果顯示，GNMT 在肝臟功能中具有極重要的作用。最早關於 GNMT 蛋白的研究來自於天竺鼠的肝臟，而純化是由兔子的肝臟中去純化完成，可見 GNMT 在肝臟中的表現量相當高，對於肝臟功能的影響頗為重大。

細胞內的 GNMT

在細胞內，GNMT 的功能並不只有一項，而是類似於乳糖阻礙子般，可以做為轉錄因子而存在。在細胞核內，GNMT 蛋白被認為是帶著外源性的毒素進入細胞核，藉此轉錄可能可以用於解毒的基因。儘管 GNMT 已經確定會出現在細胞核內，但很遺憾的是，它在細胞核內的功能並不十分清楚，只有上述的推論。而在細胞核外，GNMT 蛋白可以結合外源性的毒素，如黃麴毒素 B1（aflatoxin B1, AFB1）等，藉此先降低細胞內的毒素，等待毒素降解酶的處理。另外，GNMT 也可以藉由促進嘧啶（pyrimidine）與嘌呤（purine）的合成，來協助維持 DNA 的穩定性。

GNMT 蛋白也牽涉到複雜的蛋白傳導功能，它與 ARRB1、ARR3、HDAC7 以及 PREX2 等蛋白，具有交互作用。總而言之，GNMT 蛋白是個可以表現於細胞核與細胞質內的蛋白，被認為可以做為轉錄因子使用，也在細胞質內參與複雜的蛋白訊息傳遞，是生理功能中的重要角色。

蛋白質結構

GNMT 蛋白如前所述，本身並不是巨大的蛋白（約 32kDa，與常見的保守基因 GAPDH 類似，其蛋白大小為 37kDa），但是在生物體內活化的 GNMT 是以四聚體的結構存在，四個 GNMT 蛋白會結合、構成一個四聚體。GNMT 蛋白的單體具有三個活動域（domain），在三個活動域的中間具有一個巨大的空腔，被認為是用於結合外來毒素的部位。在成為四聚體時，各單元蛋白的 N 端會聚集向內，使其組成一個方形的結構。GNMT 蛋白並不同於膜蛋白，其具有高度的水溶性，使其能在細胞質中作用。

GNMT 的作用

GNMT（glycine N-methyltransferase），全名苷胺酸－氮－甲基轉移酶，它的作用並不只有將 S-腺苷甲硫胺酸（S-adenosyl methionine, SAM）跟甘胺酸（glycine）轉化為 S-腺苷-L-高半胱胺酸（S-Adenosyl-L-homocysteine, SAH）跟肌胺酸（sarcosine）這麼簡單。在生物體中，肝表現了多數的 GNMT，而越來越多的研究也顯示，**GNMT 在代謝、解毒，乃至於肝臟相關疾病中的作用**。GNMT 除了酶的作用以外，也被發現能與毒素結合，作為毒素被代謝降解前的緩衝物，這顯示了 GNMT 蛋白功能的多樣性。另外，GNMT 蛋白也可能作為一種轉錄因子而作用，其結合毒素之後會轉移位置到細胞核內。這可能意味著，GNMT 能在解毒的轉錄機制中作為啟動劑的角色。

GNMT 的酶作用

GNMT 的化學反應底物為 S-腺苷甲硫胺酸跟甘胺酸，產物為 S-腺苷-L-高半胱胺酸跟肌胺酸。GNMT 屬於甲基轉移酶家族，藉由將底物上的甲基轉移到產物上，來起到各種不同的生理作用。比如說，甘胺酸在許多的生物化學反應中擔任中間體的角色，在神經傳導中也有刺激劑的作用。而 S-腺苷甲硫胺酸（SAM）也是甲基轉移反應中常見的底物，甲基可以在 SAM 中被加上或切除，這個反應被稱之為 SAM 循環，有點類似於三磷酸腺苷（adenosine triphosphate, ATP）／二磷酸腺苷（adenosine diphosphate, ADP）循環等反應，只是 SAM 循環的功能並不是能量轉換，而是化學訊息分子的轉換。

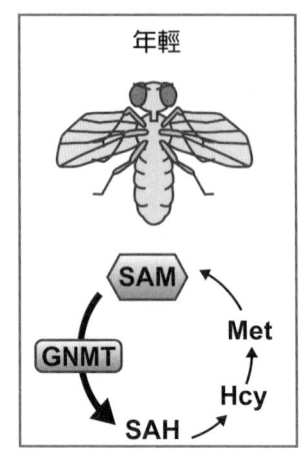

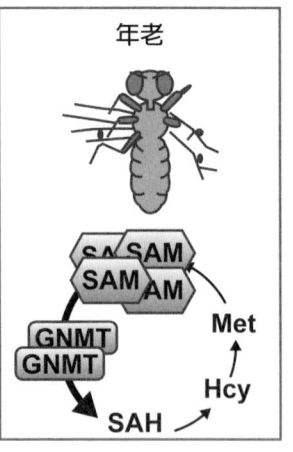

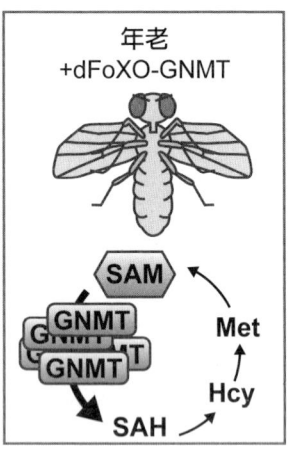

▲ GNMT 基因可以調節 SAM 濃度,在果蠅中發揮延長壽命的作用。
（資料來源:Nat. Commun. 6.1 (2015):8332.）

　　肌胺酸和甘胺酸經常聯繫在一起,因為肌胺酸通常是甘胺酸合成的產物。而 S- 腺苷 -L- 高半胱胺酸（SAH）又是某些化學訊息傳遞反應的中間物。比如說,合成半胱胺酸與腺苷時,SAH 就是其中間產物。而 SAH 扮演的角色還不只這些,它本身是 GNMT 的弱抑制劑,可見其反應本身是能自我控制的。同時,GNMT 在體內會與 tRNA 甲基轉移酶爭搶 SAM。

　　GNMT 作為酶,反應底物與產物都是化學訊息傳遞反應的中間物,而並不只是單純的能量提供／合成生物體構造,顯示 GNMT 做為中間體、利用化學物質傳遞生理訊息的重要性。

GNMT 與毒素的交互作用

　　GNMT 能夠與多環芳香烴（polycyclic aromatic hydrocarbons, PAH）結合,阻止 DNA 加成物的生成。多環芳香烴通常來自於沉積的含碳物

質,比如煤礦、泥炭等。在不完全燃燒的化學反應中,也會產生多環芳香烴,有些多環芳香烴則已經被確認爲致癌物質。而 GNMT 又被稱爲「4S-PAH 結合蛋白」,是細胞質中少有的兩種能高度結合 PAH 的蛋白之一。另外,GNMT 能與其它的毒素結合,比如黃麴毒素 B1 與苯并 [a] 芘(benzo(a)pyrene, BaP)。其中,苯并 [a] 芘更是被列爲高度致癌物質。

在與 AFB1 或 BaP 結合後,GNMT 會轉移到細胞核內,作爲轉錄因子作用。除了直接與毒素結合做爲一個緩衝而存在以外,GNMT 在解毒路徑中也有其他的功能。一般來說,外源性的毒素會被三階段處理:第一階段的處理酶會將外源性的毒素轉化爲非毒性的代謝物,藉由第二階段處理酶的反應將其溶於水,然後由第三階段處理酶將其運出細胞體外。第一階段處理酶的反應並非萬無一失,它在代謝毒素的同時,也會產生具有

DNA/RNA 結合能力的毒素分子。這些毒素分子使得 DNA 修復正常的生理功能無法作用。GNMT 作為前期的緩衝，能與第一階段處理酶去競爭毒素，藉此減少第一階段處理酶所造成的傷害。

剔除 GNMT 的結果

從最古老的哲學乃至於生物學中，研究一個物品功能的最直覺方式，就是將它去掉。藉由基因工程，各種各樣的蛋白質能被剔除，甚至是產生剔除特殊蛋白的生命體，比如去除 GNMT 表現的小鼠。

剔除 GNMT 表現的小鼠在四周齡的時候，肝指數會明顯上升；到了九周齡的時候，可以觀察到明顯的肝臟腫大現象；十一周齡的小鼠，出現肝醣與肝臟脂肪堆積的現象；九個月的小鼠，會出現明顯的脂肪性肝炎；一年的小鼠，肝臟最後會演發出脂肪瘤、血管瘤、發育不良性結節以及肝癌等症狀；在母鼠當中，只要剔除 GNMT，發生脂肪肝以及肝癌的機率是 100%。

除了作為肝癌模型生物的作用、使研究人員能更好的研究肝癌的發展歷程以外，GNMT 剔除小鼠的病理模式，顯示了 GNMT 基因在生理機能中的作用，尤其是肝臟功能，將會導致脂肪肝、肝炎以及肝癌。此外，GNMT 的剔除對於免疫系統也有影響。

在 GNMT 剔除小鼠的身體中，可以觀察到自然殺手細胞（natural killer cell）的活化，而自然殺手細胞的活化會帶來更多的細胞毒素，對於肝臟的作用有負面效果。此外，隨著 mRNA 定序技術的發展，細胞對於基因的表現量現在已經可以細分到組織的階段。也就是說，不同組織的某一蛋白表現量可以被準確的測量並比較。這對癌症病患來說是一大福音。

藉由抽取腫瘤組織的樣本，我們可以準確地得知腫瘤組織與正常組

織的基因表現有何不同。**在肝癌患者的樣本中，有大約 75% 的患者被發現，GNMT 的表現量下降到無法偵測的等級，這更顯示了 GNMT 對於肝癌的重要性。**

GNMT 的其他可能

　　除了直觀的毒素結合以及剔除等功能性研究之外，人們也可以從蛋白的活性來了解一種蛋白在生理機能中的作用。GNMT 剔除小鼠的宏觀病理現象固然是令人觸目驚心的，然而其背後的機理究竟為何？除了簡單的毒素結合理論之外，GNMT 也涉及一連串的蛋白交互作用。比如說，GNMT 剔除小鼠 JAK-STAT（Janus kinase and signal transducer and the activator of transcription）路徑被活化，而 JAK-STAT 訊息路徑是一套演化上高度保守的傳導路徑，對於免疫系統的活化有著至關重要的作用。

　　JAK 被活化後、活化 STAT，而 STAT 作為轉錄因子會啟動六個相對應的基因。另外，GNMT 在酵母的研究中被發現與 DEPTOR（DEP domain containing mTOR-interacting protein, DEPTOR）有交互作用，而雷帕黴素靶蛋白（mammalian target of rapamycin, mTOR）是一連串化學訊息的中繼者，荷爾蒙、胰島素、表皮生長因子（epidermal growth factor, EGF）以及胺基酸，都能刺激與 mTOR 相關的蛋白訊息傳導。mTOR 也因此被認為是癌症治療的關鍵蛋白之一。

　　由以上的例子中我們可以得知，GNMT 蛋白在細胞中的作用並不是單純的，而是有複雜的生理機能。而剔除 GNMT 的小鼠展現出的病理模型以及肝癌患者的樣品，則都顯示了 GNMT 基因在肝癌等肝臟疾病中的重要性。

PGG 是什麼？

能找出對於 GNMT 基因表現有所控制的化合物並非易事。最好的情況是，這種化合物除了容易生產、具有低生理毒性，更重要的是對於 GNMT 表現能有所促進，藉此將 GNMT 的解毒功能發揮到極致。另外，癌細胞的 GNMT 表現量相較於正常細胞低了許多，如果能針對性地增加 GNMT 表現量，或許對於肝癌的治療有所幫助。科學家經過龐大且複雜的篩選流程，一種稱之為五沒食子醯吡喃葡糖苷（1,2,3,4,6-penta-O-galloyl-Beta-D-glucopyranoside, PGG）的化合物被認為可以促進 GNMT 的表現，能做為癌症治療的藥物之一。

PGG 化合物

PGG 是一種小分子化合物，具有 41 個碳，構成五個六碳環，並具有 32 個氫與 26 個氧原子。PGG 在常溫中為固體晶體型態，可以簡單地被加工，屬於水解單寧類分子（gallotannin），常見於各種藥用植物當中，例如五倍子、金縷梅、漆樹、橡樹皮、茶葉。**PGG 在多種疾病的防治與研究中占有一席之地，比如新型冠狀肺炎、肝癌、狂犬病、其他癌症**。除了從天然植物中萃取之外，PGG 也可以進行全化學合成。

PGG 的萃取

PGG 廣泛存在於各種藥用植物中，因此可以利用萃取的方式取得。在各種植物中，PGG 含量最高的是櫟五倍子，其次是庚大利種子以及芒果的果仁。儘管有些部位的 PGG 含量較高，通常在植物體內 PGG 的分布

相當廣泛,可以選用其他容易加工的部位進行萃取。

除了樹皮以外的植物部位,都具有萃取價值含量的 PGG。通常 PGG 的萃取可以用簡單且常見的有機溶劑進行,比如酒精、甲醇以及丙酮水溶液。儘管這些萃取方式的效率並未進行較為科學的比較,最常使用的通常是酒精與甲醇的萃取方式,其次是簡單的丙酮水溶液或者單純用水進行。

PGG 的萃取不需要高毒性或高揮發性的有機溶劑,例如石油醚等疏水性更高的有機溶劑,通常這類溶劑會需要更多特殊性的處理設備去進行純化,以及需要更多的防護措施。因此,儘管現代化工廠對此的措施其實已經十分完善,但仍不失為一種額外成本。其後的純化方式可以用簡單的高效能液相層析法(high performance liquid chromatography, HPLC)及毛細管電泳(capilliary electrophoresis)等方式進行。由於高效能液相層吸法的普遍性與多樣性,更有多種親和性樹脂、離子交換樹脂以及多模式結合樹脂可供選擇,所以高效能液相層析法是最常見的 PGG 純化工法。

然而,有研究指出,毛細管電泳的方式具有較高的萃取效率。儘管如此,由於高效液相層析系統可以被簡單的工業化放大,從大批量生產上來說,高效液相層析可能仍是較主流的生產方式。經過萃取過後,洗脫溶劑的低毒性(簡單的酒精等溶劑即可完成),PGG 可以被簡單的析出/凍乾,加上 PGG 本身在常溫常壓下是結晶型態,所以保存並不困難。

總而言之,PGG 的萃取可以利用常見且低毒性的溶液進行,利用應用廣泛的 HPLC 技術或者是更先進的毛細管電泳,接續以簡單的析出/凍乾/噴霧乾燥等步驟,即可生產結晶狀的 PGG,該狀態容易保存,是種穩定且加工容易的化合物。除了以上的萃取方法,值得一提的是,PGG 也可以使用化學純合成,只是由於純化步驟相對簡單且素材取得容易,化

學純合成的生產效率對比於從植物中萃取來說，反而比較低。

PGG 的作用

　　PGG 作為一種可以被簡單萃取與純化的藥用植物萃取物，其病理作用十分廣泛。PGG 可以做為抗病毒藥物使用，除了早期的狂犬病研究之外，後期的新型冠狀病毒也被認為可以用 PGG 來進行抑制。PGG 可以用於抑制狂犬病病毒的生成，因為其可以阻斷病毒生成的一條重要蛋白訊息傳導：miR-455/SOCS3/STAT3/IL-6，藉此抑制病毒的繁衍。

　　另外，PGG 則是藉由抑制病毒的 SARS-CoV-2 3C-like 蛋白酶，來對新型冠狀病毒的活動進行抑制。除此之外，PGG 也可以抑制單純疱疹病毒的傳播，藉由引起被感染細胞的細胞凋亡機制來阻止病毒繼續繁殖。PGG 甚至可以在人類免疫缺乏病毒（HIV），也就是愛滋病傳染媒介的傳播中發揮阻礙作用，藉由破壞病毒的整合酶來阻止病毒活動。

　　這些廣泛、具有各種機制的 PGG 抑制能力，顯示 PGG 作為抗病毒藥物的潛力。然而，**PGG 不只是作為抗病毒藥物具有潛力，其抗癌效果更是被廣泛研究且受到注意**。目前有文獻報告對於 PGG 有所反應的癌症種類，包括乳癌、攝護腺癌、肺癌、肝癌、胰臟癌、頭頸癌、大腸癌、神經膠質瘤、子宮頸癌與白血病。藉由各種癌症的細胞模型，人們可以辨認出 PGG 對於哪些癌症細胞的生長具有抑制、甚至細胞毒性，藉此認定 PGG 可能可以作為一種癌症抑制藥物。

　　當細胞實驗收集到足夠多的數據時，人們可以利用動物癌症模型去研究該藥物是否對於癌症有抑制功效。例如，在乳癌模型小鼠中，人們發現 PGG 抑制癌細胞的轉移效率高達 60%，顯見其作為抗癌藥物的潛力。另外，在攝護腺癌當中，人們也從細胞模型當中認識到 PGG 的作用總體

而言是細胞毒性，而這細胞毒性的由來是來自於 PGG 對於多種蛋白、轉錄活動的抑制，並不僅是阻礙蛋白傳導，也可以阻止特定基因表現，顯見其多種生理抑制功能，讓 PGG 成為一種抗癌藥物的基質。也許後續的化學合成藥物可以更精確地打擊特定機制，使標靶化的治療可以由 PGG 衍生的藥物來執行。

　　由此可見，從不同的細胞系研究中，人們認知到 PGG 作為一種癌細胞生長抑制劑，其藉由不同的機制去阻止癌細胞的成長與擴散，使 PGG 成為癌症治療的候選藥物。

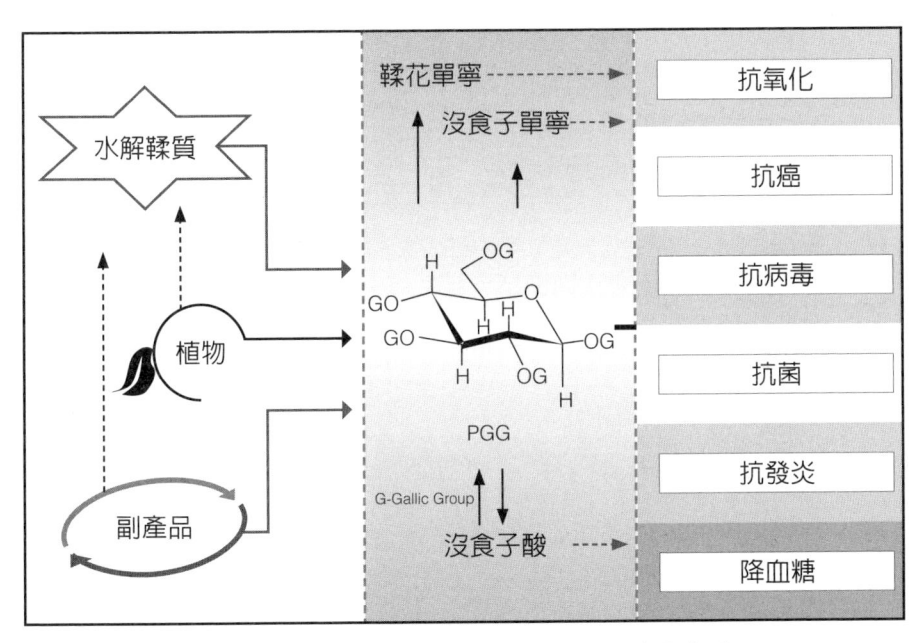

▲可以簡單萃取與純化的藥用植物萃取物 PGG，病理作用十分廣泛。
（資料來源：Molecules.28.12.(2023):4856., J.Funct. Foods 37(2017:176-189.)）

PGG 對 GNMT 基因表現的影響

PGG 作為具有眾多潛力的癌症治療藥物，其中一種應用便是用於肝癌的治療。PGG 對於肝癌的治療主要顯現在其對於 GNMT 基因表現的控制上。先前提到 GNMT 對於肝臟健康的重要性，在實驗小鼠顯現出脂肪肝、肝炎以及最終肝癌等現象，這顯示 GNMT 基因表現對於肝臟的健康可說是至關重要。

PGG 之所以能調節 GNMT 基因的表現，主要是其刺激性作用能使 GNMT 重拾其功能，因而在表現量提升後，使肝臟能重新擁有 GNMT 所帶來的疾病防治功能。接下來，將簡單再述 GNMT 基因調控的重要性，以及描述 PGG 作為肝癌治療藥物的潛力。

GNMT 調控的重要性

從簡單的剔除實驗可以得知，缺乏 GNMT 基因的小鼠會發展出一連串的肝臟疾病。如先前的章節所述，從肝指數的增長到最終的肝癌，GNMT 欠缺的小鼠不僅提供了人類另一種肝癌研究模型，更顯見 GNMT 基因對於肝臟健康的重要性。另外，鑒於測序技術的進步，人們可以直接對於腫瘤等組織進行 mRNA 測序，檢測其表現的 mRNA 量與其他健康細胞的 mRNA 量，究竟有何不同。藉由了解表現量的不同，人們可以得知健康細胞與受損細胞之間的表現區別，從而了解究竟是哪些表觀遺傳現象導致了疾病發生。

GNMT 的表現量在肝癌細胞組織中出現了明顯的下滑。而生化學的研究顯示，GNMT 作為毒素結合蛋白，其表現量下滑可能意味著解毒功能的喪失，從而對細胞健康產生影響。除了對毒素的結合功能，GNMT

作為肝臟主要的 S-腺苷甲硫胺酸（SAM）代謝者，過多的 SAM 對於細胞的健康具有負面影響。加上對於毒素的結合功能以及在基因剔除小鼠中的研究，GNMT 的表現對於肝臟細胞健康的意義，可說是不言而喻。

PGG 調控 GNMT

如前所述，PGG 對於多種癌症細胞具有細胞毒性，所以能殺死多種癌細胞，因此人們認為 PGG 具有作為癌症治療藥物的潛力。而 PGG 對於肝癌的治療效果，從細胞系研究，進步到關於其生理機能以及基因調控層面的研究，從而使人們能更清楚的了解在生化層面上，PGG 對於肝癌細胞的細胞毒性從何而來，藉此能更準確地基於 PGG、研發對於肝癌的治療藥物。

PGG 對於肝癌細胞的影響，主要來自於其對於 MYC 基因的抑制。MYC 基因是一種原致癌基因，在健康細胞中通常不驅動，但在癌細胞中會被活化、且作為一種轉錄因子，MYC 控制著數種基因的轉錄。在肝癌細胞中，GNMT 的轉錄便是被 MYC 所控制。人們研究發現 MYC 能抑制 GNMT 基因的轉錄，從而使 GNMT 的表現量下降。

而由前所述的 GNMT 功能，我們可以得知對於肝臟細胞的健康來說，GNMT 的表現抑制並不是一件好事。這也可以從肝癌細胞中 GNMT 的 mRNA 量大幅下降中再次驗證。PGG 在細胞中能阻止 MYC 基因的表現，也能促進 MYC 基因的降解，使得 MYC 蛋白的功能大幅下降。由於 MYC 蛋白可以抑制 GNMT 基因的表現，導入 PGG 的結果就是 GNMT 表現量的恢復。在肝癌細胞中若 MYC 被抑制，會使得 GNMT 基因的表現

量恢復正常，這會導致肝癌細胞的死亡，從而抑制癌症的發展。

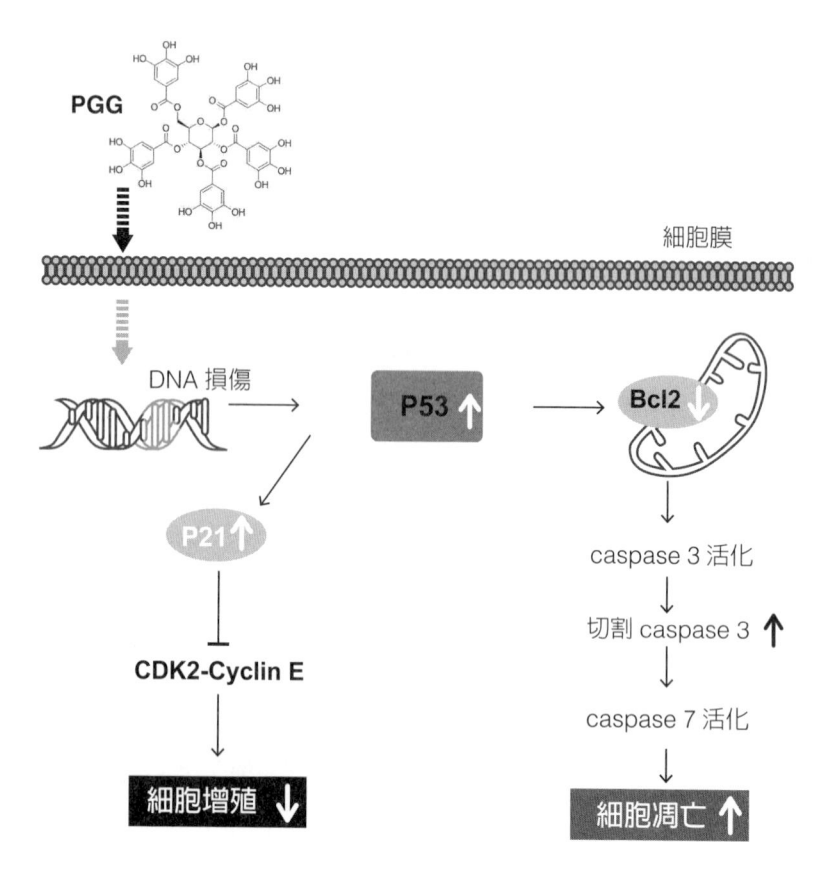

▲ PGG 透過促進癌細胞凋亡、抗增殖、抗血管生成、抗轉移和抑制醣蛋白達到抗癌活性。例如，PGG 可以促進抑癌基因 P53 及 P21 的表現，進而抑制結腸癌。
（資料來源：Bioorganic Medicinal Chem Lett(2018)28:2117-23. / BioMed Pharmacother(2019)111: 813-20）

PGG 對總體生理現象的影響

在細胞層面或者生化層面上，我們可以看到 PGG 對於肝癌細胞系生長的抑制，其功能來自於對於 GNMT 基因的間接控制——藉由抑制 MYC 基因的功能，從而恢復 GNMT 基因的表現，使得癌症細胞走向凋亡。在細胞層面如此，那在生命體層面又是如何？

我們已經得知在生命體層面上，GNMT 剔除小鼠的肝臟會呈現肝癌的發展模式，而 PGG 是否能挽救這一現象？人們在 GNMT 剔除小鼠的模型中注入 PGG，藉此觀察其對於肝癌細胞的發展究竟有何影響，最終發現 PGG 對於肝癌細胞的轉移具有抑制作用。

如前所述，人們可以藉由對於肝癌腫瘤細胞的基因表現，來了解其相較於健康細胞的基因表現有何不同之處，從而了解是哪些蛋白造成了這一病理現象。人們發現給藥 PGG 的小鼠，在其腫瘤細胞中的 GNMT 表現量會恢復到健康細胞的水準，並且阻止腫瘤細胞的繼續擴大。這和在細胞研究中，發現 PGG 對於肝癌細胞具有細胞毒性的結果一致。

另外，與現有的肝癌治療藥物索拉非尼（Sorafenib）一起使用，人們發現 PGG 對於索拉非尼的治療效果有正面影響，顯見 PGG 對肝癌細胞的細胞毒性不僅是表現在細胞層面與生化層面，更是體現在生命體層面，那就是藉由抑制 MYC 基因的表現，從而使被 MYC 基因抑制的 GNMT 基因再次恢復表現；GNMT 的解毒、基因轉錄等功能，使得肝癌細胞的表現型態改變，不能再繼續維持其癌細胞的特性，繼而凋亡與衰弱。在腫瘤大小上的研究以及癌細胞轉移效率上的研究都說明了此一觀點，證明了 PGG 的治療效果並不侷限在細胞研究層面，而是能擴及整體生命層面。

基因的表現型態可以決定生命體的健康狀況，藉由不同的基因表現型態，人們身體內明明是同樣一組基因、卻可以表現出多種形式，從而生

成各式不同的組織。不幸的是,一些不同的疾病,比如癌症,也有不同的基因表現型態。藉由不同蛋白表現量的提升或減少,基因表現型態的改變,使得不同的蛋白傳導路徑出現變化,而在其中的蛋白負責的不同功能便會被影響,從而造成生理機能出現轉變。

GNMT 是一種對於解毒、基因表現、甲基轉移等多種生理機制,能做出控制的蛋白。儘管對於 GMNT 基因表現控制的功能研究仍不甚清楚,藉由剔除 GNMT,人們發現其現象與肝癌發展的現象一致,因而認定 GNMT 對於肝癌的重要性。**而 PGG 作為一種多功能的植物萃取小分子,能恢復 GNMT 的基因表現,藉由控制 GNMT 的抑制者 MYC,使癌細胞走向凋亡。**

第 **4** 章

DOK5 基因

DOK5 基因在哪裡？

　　DOK5 基因稱為「對接蛋白 5」（docking protein 5），或是稱作「酪胺酸激酶下游蛋白 5」（downstream of tyrosine kinase 5），又可被稱為「胰島素受體受質 6」（insulin receptor substrate 6, IRS-6; IRS6），是多種細胞訊息傳導路徑中的重要組成部分。為了全面了解其位置，我們需要詳細檢查其染色體位置、基因組結構、細胞定位及其進化保守性。

染色體位置

　　DOK5 基因位於人類第 20 號染色體的長臂（q），具體的位置在 20q13.2。這個位置相當的重要，因為它位於與多種遺傳疾病和癌症易感性（cancer susceptibility）相關的基因區域內。

　　DOK5 基因的精確染色體座標為：

A・GRCh38/hg38：染色體 20：52,484,247-52,580,662
B・GRCh37/hg19：染色體 20：53,090,322-53,186,737

　　這些座標代表 DOK5 基因的整個基因組區域，包括其編碼序列（coding sequence）、內含子和調控區域。20q13.2 區域與多種遺傳疾病和癌症類型有關。例如，該區域的擴增（amplifications）與乳癌（breast cancer）、卵巢癌（ovarian cancer）及結腸直腸癌（colorectal cancer）相關。DOK5 基因的位置接近這些與癌症相關的區域，表明它可能在腫瘤發展或進程中發揮作用，儘管其直接參與這些過程的證據尚在調查中。

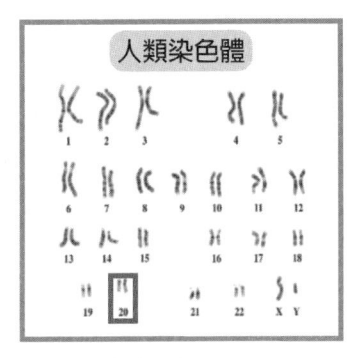

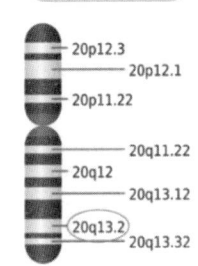

▲ DOK5 的基因座。

基因組結構

　　DOK5 基因跨越第 20 號染色體上，其長度約 96,415 個鹼基對。DOK5 基因組結構複雜，包含多個外顯子和內含子。該基因的結構可分為以下幾個關鍵組成部分：

A・啟動子區域：位於第一個外顯子上游，該區域包含多個調控 DOK5 表現的轉錄因子結合位點，對控制基因何時何地表現，至關重要。

B・5 端非轉譯區（5' untranslated region, 5' UTR）：該非編碼區位於 mRNA 轉錄本的起始處，在調控轉譯效率和 mRNA 穩定性中發揮作用。

C・外顯子：DOK5 基因包含多個編碼 DOK5 蛋白的外顯子。具體的外顯子數量，可能會根據不同的轉錄變體而有所不同。

D・內含子：這些非編碼序列在 mRNA 剪切期間被移除，內含子中

包含了影響基因表現的調控元件。

E・3 端非轉譯區（3' untranslated region, 3' UTR）：位於 mRNA 轉錄本的末端，該區域包含影響 mRNA 穩定性（stability）、定位（localization）及轉譯效率的調控元件。

DOK5 基因透過選擇式剪接（alternative splicing）產生多種轉錄變體，從而生成不同的 DOK5 蛋白異構體（isoforms）。這些異構體可能具有略微不同的功能或角色，為 DOK5 在細胞過程中的作用，增加了另一層複雜性。

細胞定位

儘管 DOK5 基因位於核內、作為基因組 DNA 的一部分，它所編碼的蛋白可位於細胞的多個位置：

- A・**細胞質**：DOK5 蛋白主要位於細胞質中，在此作為多種訊息傳導路徑（signal transduction pathway）中的轉接蛋白（adaptor protein）發揮作用。DOK5 在細胞質中與多個其他蛋白相互作用，促進從細胞膜到細胞內的訊息傳導。
- B・**細胞膜**：DOK5 可被聚集至細胞膜，尤其是在生長因子（growth factor）訊息傳導的路徑中。該膜定位對其在受體酪胺酸激酶（receptor tyrosine kinase, RTK）訊息傳導路徑中的作用極為重要。當 RTK 被其配體（ligands）活化時，DOK5 可被磷酸化，並作為其他訊息分子的對接位點。
- C・**細胞核**：一些研究表明在某些條件下，DOK5 可能轉移到細胞核中，潛在地影響基因表現。這種核定位對 DOK5 在細胞分化和

存活等過程中的作用，可能尤為重要。

DOK5 在不同細胞位置之間的移動可能由轉譯後修飾（post-translational modification, PTM）所調控，如磷酸化（phosphorylation）。這些修飾會影響 DOK5 與其他蛋白的相互作用。

演化保守性

DOK5 基因在許多物種中具有演化保守性，表明其在細胞功能中具有重要的作用。DOK5 的直系同源（orthologs）基因存在於多種哺乳動物中，包括小鼠、大鼠及靈長類動物。高度的保守性（conservation）表明，DOK5 的位置和結構在進化過程中被維持下來，這是由於其在細胞過程中，具有非常關鍵的作用。

在小鼠中，DOK5 基因位於第 2 號染色體上，與人類第 20 號染色體具有共線性。小鼠的 DOK5 基因與其人類同源基因具有顯著的序列同源性（homology），反映了該基因在哺乳動物物種中的保守性。

比較基因組學分析顯示，DOK5 是 DOK 蛋白大家族的一部分，在人類中包括 DOK1 至 DOK7。這些蛋白具有相似的結構域（domain）和功能，表明它們是在演化過程中的基因重複事件中產生的。DOK5 在物種之間的保守性不僅限於哺乳動物，還存在於其他脊椎動物，如斑馬魚和非洲爪蟾中，進一步強調了其於演化過程中的重要性。

組織特異性表現

儘管 DOK5 基因存在於所有含有細胞核的細胞中，其表現水平在不同組織中也不太一樣。這種組織特異性的表現模式，暗示了 DOK5 在不同器官中的潛在功能，並可能為未來研究其在組織特異性過程及疾病中的作用，提供一些方向。研究顯示，DOK5 在以下組織中高度有表現：

A・**大腦**：在大腦中的高表現水平，顯示了 DOK5 在神經元發育、功能及可能的神經退化性疾病中，具有關鍵作用。

B・**肌肉**：在肌肉組織中的顯著表現，指出 DOK5 可能參與肌肉的發育、功能或代謝過程。

C・心臟：在心肌組織中的高度表現，則表示 DOK5 可能在心臟發育或功能中具有重要作用。

D・胰臟：胰臟中的表現，暗示 DOK5 可能在代謝過程或胰島素訊息傳導中發揮作用。

E・腎臟：在腎臟組織中的表現，表明它可能與腎功能或發育有關。

DOK5 的組織特異性表現，可能由多個轉錄因子、表觀遺傳修飾（epigenetic modifications）及其他特異於每種組織的調控機制所調控。

基因變異與多態性

如同所有的基因一樣，DOK5 基因也可攜帶各種遺傳變異與多態性（polymorphisms）。這些變異可包括單核苷酸多態性（single nucleotide polymorphism, SNPs）、插入（insertions）、缺失（deletions）及拷貝數變異（copy number variations, CNV）。其中一些變異可能會影響 DOK5 的表現或功能，進而導致個體細胞訊息傳導或疾病易感性的差異。

在 DOK5 基因及其調控區域內已鑑定出多個 SNPs。雖然其中許多 SNPs 的功能尚不清楚，但有些可能會影響 DOK5 的表現水平、蛋白結構或與其他分子的相互作用。例如，啟動子區域內的 SNPs 可能會影響轉錄因子的結合，從而改變 DOK5 的表現水平。

表觀遺傳調控

DOK5 基因的表現還可受到表觀遺傳修飾的影響。這些修飾不會改變 DNA 序列，但是會影響基因表現。調控 DOK5 的關鍵表觀遺傳機制包括：

A・DNA 甲基化：DOK5 啓動子區域中添加的甲基基團可影響其表現。高甲基化通常導致基因靜默（gene silencing），而低甲基化則可能增加表現。

B・組蛋白修飾（histone modifications）：與 DOK5 基因相關的組蛋白變化可影響其轉錄機制的可接觸性（accessibility）。例如，組蛋白乙醯化（histone acetylation）通常能促進基因表現，而某些形式的組蛋白甲基化則會抑制表現。

C・染色質重塑（chromatin remodeling）：含有 DOK5 的染色質區域的三維結構，可透過影響調控元件的可接觸性來影響其表現。

DOK5 的表觀遺傳調控可能參與其組織特異性的表現模式，並可能涉及該基因對環境因素或細胞壓力的反應。

基因組背景與鄰近基因

DOK5 所在的 20q13.2 染色體區域包含多個其他基因，這些基因可能與 DOK5 在功能或調控上有相關聯性。了解基因組背景，可提供關於潛在協同調控或功能相互作用的見解。DOK5 附近值得注意的基因包括：

A・SUMO1P1：位於 DOK5 上游的一個偽基因。

B・CBLN4：編碼小腦蛋白 4 前體，參與突觸的形成和維持。

C・MC3R：編碼黑皮質素 3 受體，參與能量平衡和炎症。

這些基因與 DOK5 之間，可能對其協同調控或潛在功能具有影響，直接的證據仍需要進一步研究。

DOK5 基因的作用

　　DOK5 基因編碼的對接蛋白 5 在多種細胞過程和訊息傳導路徑中扮演著重要的角色，它的功能對於人體在正常生理狀態和疾病狀態中，占有重要調節地位，包括在神經元發育、胰島素代謝、細胞存活與凋亡、心血管系統、免疫系統與發炎、腫瘤癌症等方面，都具有影響作用。

訊息傳導

　　DOK5 的主要功能是在訊息傳導路徑中發揮作用，尤其是在涉及受體酪胺酸激酶的訊息路徑中。其主要功能有以下幾種：

A·轉接蛋白功能：DOK5 作為一種轉接蛋白，可以促進蛋白質複合體的形成，這對於訊息傳導至關重要。其結構包括普列克底物蛋白同源結構域（pleckstrin homology domain, PH domain）、磷酸酪胺酸結構域（phosphotyrosine-binding domain, PTB domain）和幾個酪胺酸磷酸化（tyrosine phosphorylation）位點，允許其與多種訊息分子相互作用。

B·受體酪胺酸激酶（RTK）訊息傳導：DOK5 參與由多種 RTK 啟動的訊息級聯反應（cascades），包括：

（1）**胰島素受體（insulin receptors）**：DOK5 已被證明在某些細胞類型中增強胰島素訊息傳導，可能影響葡萄糖代謝和胰島素敏感性。

（2）**神經營養因子受體（neurotrophic factor receptors）**：DOK5 參與神經生長因子（nerve growth factor, NGF）和其他神經營養因子（neurotrophin, NT）的受體下游的訊息傳導，**對神**

經元存活和分化發揮作用。

(3) **轉染重排受體（rearranged during transfection receptor, RET receptor）**：DOK5 與 RET 受體酪胺酸激酶相互作用，這對神經嵴（neural crest）發育和腎臟形成非常重要。

(4) **磷酸化**：在受體酪胺酸激酶活化後，DOK5 的特定酪胺酸殘基（specific tyrosine residues）會被磷酸化，這種磷酸化為其他訊息分子（如含有 SH2 結構域的蛋白質）提供了對接位點，從而推動和擴展訊息。

C・**下游效應器的調節**：DOK5 能夠影響下游訊息分子的活化，例如：

(1) **AKT（protein kinase B，蛋白激酶 B）**：DOK5 在某些情況下已被證明可增強 AKT 的活化，促進細胞存活和代謝。

(2) **細胞外訊息調節激酶（extracellular signal-regulated kinase, ERK）**：DOK5 可調節 ERK 的活性，影響細胞增殖（cell proliferation）、分化（differentiation）和存活（survival）。

(3) **RAS/MAPK 路徑**：DOK5 可能在調節這條路徑中發揮作用，該路徑對多種細胞過程（包括生長和分化）至關重要。

(4) **反饋調節（feedback regulation）**：在某些訊息傳導路徑中，DOK5 可能參與反饋迴路（feedback loops），有助於微調訊息反應的持續時間和強度。

神經突生長和神經元分化

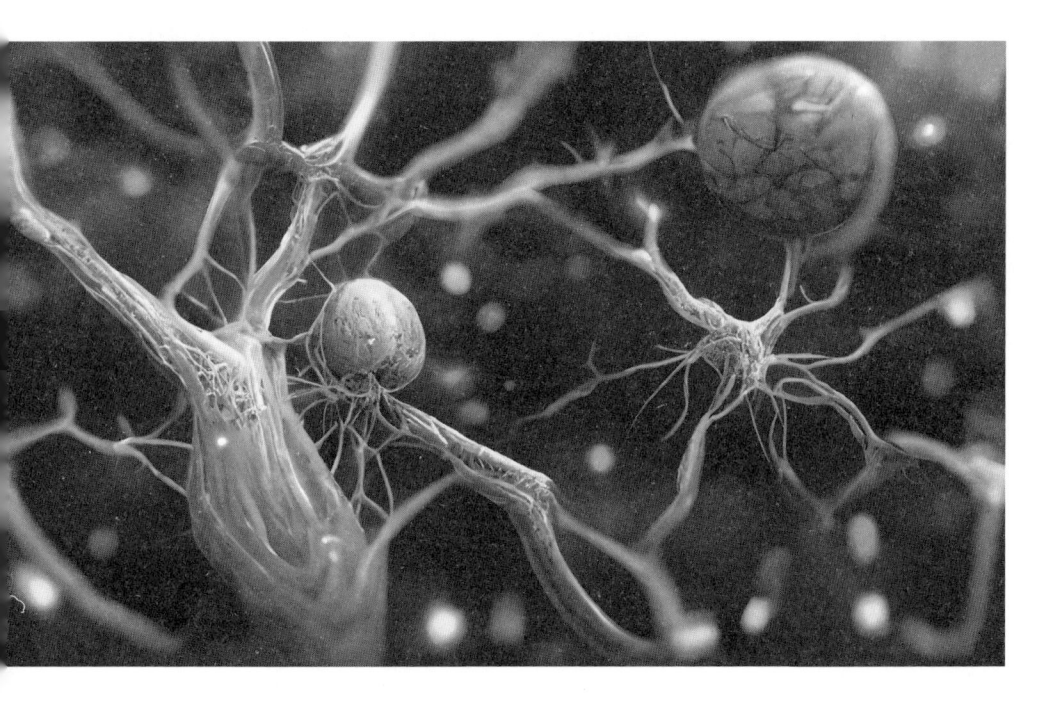

DOK5 在神經元發育和功能中具有重要的作用：

A・神經突（neurite）延伸： DOK5 會促進神經營養因子刺激下的神經突生長。這一功能對於神經元（neuronal）連接的建立至關重要，並且可能在成人大腦的神經可塑性中發揮作用，其機制涉及 DOK5 與 RET 受體的相互作用，並啓動下游訊息傳導路徑。

B・神經元分化： DOK5 參與神經前驅細胞（neural progenitor cells）向成熟神經元（mature neurons）的分化。它可能透過以下方式實現：
（1）增強細胞對神經營養因子的反應性。
（2）調節與神經元分化相關的基因表現程序。
（3）影響細胞骨架的重排，這對分化過程中的形態變化非常重要。

C‧突觸（synapse）可塑性：有證據顯示，DOK5 可能參與與突觸可塑性和記憶形成相關的過程，這可能涉及包括調節突觸處的局部蛋白質合成，調節受體的運輸，影響與突觸增強或削弱相關的結構變化。

D‧神經保護：一些研究表明，DOK5 可能具有神經保護作用，潛在地防止神經退化性過程。這可能透過以下途徑實現：強促生存訊息路徑、減少神經組織中的氧化壓力（reduction of oxidative stress, ROS）或發炎反應（inflammatory response）、促進神經修復機制。

E‧軸突（axon）導向：DOK5 可能在神經發育期間的軸突導向中發揮作用，影響軸突向其適當目標的定向生長。這一功能可能涉及與導向訊息受體的相互作用及細胞骨架動態的調節。

胰島素訊息傳導與代謝

　　DOK5 被認為與胰島素訊息傳導和代謝調節有關，DOK5 可能增強某些組織中的胰島素敏感性，影響葡萄糖代謝。這可能涉及促進胰島素受體訊息傳導、促進葡萄糖轉運蛋白（transpoter proteins）向細胞膜的轉位，調節胰島素反應基因的表現。

　　而在一些研究中證明，DOK5 可能在脂肪細胞的分化中發揮作用。這對能量儲存和代謝穩定至關重要，包括調節參與脂肪細胞生成的轉錄因子，調節控制脂肪細胞分化和功能的訊息路徑。另外，**DOK5 可能透過其對多種訊息傳導途徑的影響，間接影響與代謝相關的基因表現，包括葡萄糖代謝、脂質代謝、粒線體（mitochondria）功能、能量消耗。**

　　有鑑於 DOK5 在胰臟（pancreas）中的表現，它可能在胰臟的發育

或功能中發揮作用，潛在地影響胰島素的產生或分泌。DOK5 可能參與調節肝臟代謝，影響糖質新生（gluconeogenesis）、脂肪生成或糖原（glycogen）儲存等過程。

細胞存活與凋亡

DOK5 基因與細胞存活和計畫性細胞死亡（programmed cell death）相關的過程有關：

- A．**抗凋亡效應（anti-apoptotic effects）**：在某些情況下，DOK5 已被證明透過增強抗凋亡訊號路徑，來促進細胞存活。這可能涉及活化 AKT 訊息路徑、促進細胞存活、上調抗凋亡蛋白等，如 Bcl-2 的表現，抑制促凋亡因子（pro-apoptotic factors）。

- B．**促凋亡效應（pro-apoptotic effects）**：相反的，在某些細胞類型或特定條件下，DOK5 可能促進促凋亡訊號的傳遞。這種雙重角色強調了 DOK5 功能的情境依賴性，可能涉及調節促生存與促凋亡訊號路徑之間的平衡，以及在特定條件下，促進凋亡的受體或訊息分子的相互作用。

- C．**細胞週期（cell cycle）調節**：有證據表明，DOK5 可能影響細胞週期進程，儘管其在此過程中的具體角色仍需要進一步研究。潛在的機制包括調節與細胞週期進入或進程相關的週期蛋白依賴性激酶（cyclin-dependent kinases, CDK）或其抑制劑（inhibitors），調節控制細胞週期的生長因子訊息路徑（growth factor signaling pathways），以及影響調節細胞週期轉換的檢查點（checkpoint）機制。

- D．**細胞衰老（cellular senescence）**：DOK5 可能參與細胞衰老過

程，這是細胞永久停止分裂的過程，並涉及調節控制細胞壓力反應的訊息路徑、影響端粒（telomere）維護或縮短、調節衰老相關分泌表型（senescence-associated secretory phenotype, SASP）因子等。

E・**DNA 損傷反應**：DOK5 可能參與細胞對 DNA 損傷的反應，潛在地影響 DNA 修復、細胞週期停滯或凋亡之間的決策，並透過以下的方式發揮作用：與 DNA 損傷感應蛋白的相互作用，調節參與 DNA 損傷反應的訊息路徑，調控與 DNA 修復或細胞週期檢查點相關的基因。

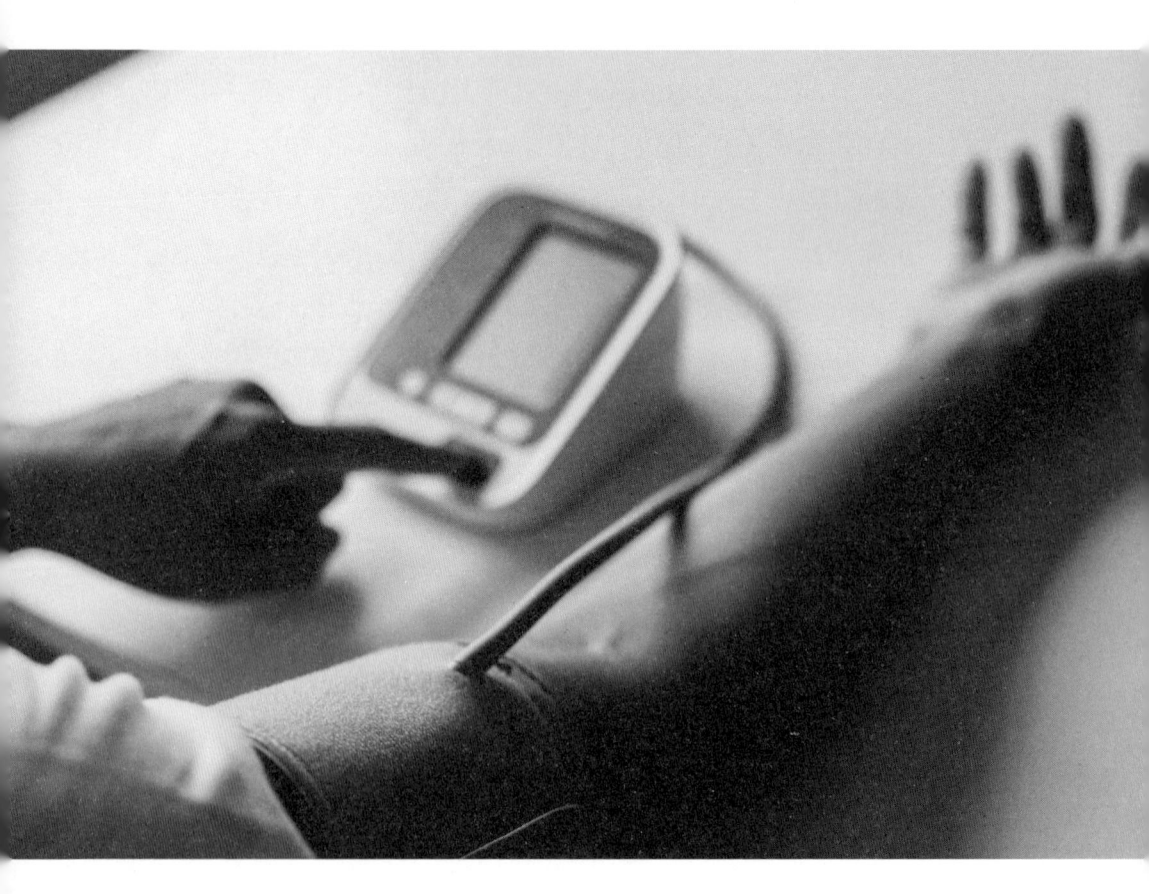

心血管系統

DOK5 在心血管系統（cardiovascular system）中也發揮著多種功能：

A・**心肌細胞分化**：DOK5 參與心臟前驅細胞向成熟心肌細胞的分化過程。這一過程包括：調節對心肌細胞發育至關重要的轉錄因子，調節驅動心臟分化的訊息路徑，影響心臟特異性基因的表現。

B・**血管生成（angiogenesis）**：一些研究表明，DOK5 可能參與新血管的形成，潛在地影響組織血管化。這一功能可能透過以下途徑實現：與血管內皮生長因子（vascular endothelial growth factor, VEGF）訊息傳導路徑的相互作用，調節內皮細胞（endothelial cell）的遷移（cell migration）和增殖，調控與血管重塑（vascular remodeling）相關的基質金屬蛋白酶（matrix metalloproteinases）。

C・**心臟功能**：DOK5 可能在心臟收縮力及其他心臟功能的調節中發揮作用，這一領域仍需要更多的研究。潛在的機制包括：調節心肌細胞中的鈣處理，影響參與心臟興奮－收縮偶聯的離子通道的表現或功能，調節控制心肌肥厚或重塑的訊息路徑。

D・**心臟保護作用**：有初步證據表明，DOK5 可能具有心臟保護作用，潛在地保護心肌細胞免受缺血－再灌注損傷或其他心臟壓力的影響。這可透過以下方式發揮作用：增強心肌細胞中的促生存訊息路徑，調節心臟組織中的發炎反應，調控自噬或其他細胞壓力反應機制。

E・**血管平滑肌功能**：DOK5 可能在血管平滑肌細胞功能中發揮作用，潛在地影響血管張力和血壓調節，例如調節平滑肌細胞的收縮性，影響平滑肌細胞（smooth muscle cells）的增殖或遷移，調控參與血管重塑的訊息路徑。

免疫系統與發炎

雖然沒有太多的相關研究，但 DOK5 可能在免疫系統（immune system）和發炎反應中發揮以下作用：

- A · **免疫細胞訊息傳導**：DOK5 可能參與免疫細胞內的訊息傳導途徑，潛在地影響免疫細胞的活化、分化或功能，包括調節 T 細胞或 B 細胞受體的訊息傳導，影響細胞因子（cytokine）的產生或反應能力，調控免疫細胞向發炎部位的遷移。
- B · **發炎反應**：DOK5 可在調節發炎反應中發揮作用，根據不同情況，可能促進或抑制發炎反應，包括調控 NF-Kb 訊息傳導——該路徑在發炎中發揮關鍵作用，影響促炎或抗炎介質的產生，調節免疫細胞向發炎部位的聚集。
- C · **自身免疫**：由於 DOK5 在細胞訊息傳導中的作用，它可能參與自身免疫過程，潛在地影響自身耐受性或自身免疫反應的發展。
- D · **腫瘤免疫學**：DOK5 可能影響在癌細胞與免疫系統之間的相互作用，潛在地影響免疫監視（immune surveillance）或免疫療法（immunotherapy）的效果。

發育與分化

除了在神經和心臟分化中的作用外，DOK5 可能更廣泛的在發育和細胞分化中發揮作用：

- A · **胚胎發育**：DOK5 可能在胚胎發育的多個方面發揮作用，潛在影響原腸化（gastrulation）及胚層（germ layer）形成、各種組織的器官生成、發育中的形態發生和模式化（morphogenesis）。

B・幹細胞（stem cell）維持與分化：DOK5 可能參與調節幹細胞自我更新（self-renewal）與分化的平衡。這涉及調節控制幹細胞命運決定的訊息路徑，影響與多能性或譜系承諾相關的基因表現，調控與細胞分化相關的表觀遺傳修飾。

C・組織再生：DOK5 可能在組織再生過程中，潛在影響活化組織特異性的前驅細胞（progenitor cell），調節再生過程中的細胞可塑性，調控參與傷口癒合和組織修復的訊息路徑。

癌症與腫瘤形成

DOK5 在癌症中的作用尚未完全闡明，但其在細胞訊息傳導、存活和分化中的功能，表明可能參與腫瘤發生：

A・抑癌基因功能：在某些情況下，DOK5 可能作為抑癌基因，透過以下方式發揮作用，如促進細胞的終末分化，增強接觸抑制或其他限制細胞增長的機制，抑制促癌訊息路徑。

B・致癌潛力：相反地，在某些細胞環境下或當其調控異常時，DOK5 可能促進癌症的發生，例如增強癌細胞中的促存活訊息傳導，促進癌細胞的遷移或侵襲，調節腫瘤血管生成。

C・轉移：DOK5 可能影響癌細胞的轉移潛力並影響細胞黏附和遷移特性，癌細胞在循環中的存活或在轉移至遠端部位，調控上皮－間質轉化（epithelial-mesenchymal transition, EMT）。

D・癌症幹細胞（cancer stem cell）：鑑於 DOK5 在幹細胞生物學中的作用，它參與維持或調控癌症幹細胞。這對腫瘤的起始、進展及對治療的抗性至關重要。

E・治療靶點或生物標誌物：DOK5 的表現或活性，可能作為某些癌

症類型的生物標誌物或潛在的治療靶點。

細胞內運輸與細胞器功能

目前已有少數的研究中，發現 DOK5 在細胞內運輸和細胞器功能中發揮作用，例如參與調節囊泡運輸過程，並可能影響到受體內吞及回收、分泌途徑的功能、神經元中的突觸囊泡動力學。

鑑於 DOK5 在代謝和細胞存活中的作用，還可能影響粒線體功能，涉及到粒線體生物合成或動態的調節，粒線體代謝的調控，以及與粒線體相關的凋亡途徑的調節。

如何調控 DOK5 基因？

DOK5 基因的調控是一個複雜的過程，涉及多層次的機制，包括基因表現、轉錄後調控，和轉譯後修飾的各個層面。了解這些調控機制對於掌握 DOK5 在不同細胞環境下的表現控制，以及如何利用這些機制進行治療調控等，至關重要。

轉錄調控（transcriptional regulation）

轉錄調控是控制 DOK5 基因表現的主要機制之一：

A・**轉錄因子**（transcription factor）：多種轉錄因子可以結合到 DOK5 啟動子區域，以促進或抑制其轉錄。已知調控 DOK5 的一些轉錄因子包括：

（1）MEF2C（myocyte enhancer factor 2C，骨骼肌增強因子 2C），該轉錄因子已被證明在神經元分化的過程中調控 DOK5 基因表現。

（2）CREB（cyclic AMP response element-binding protein，cAMP 反應元件結合蛋白），可能在 Camp 訊息傳導中對其表現造成調控作用。

（3）NF-κB（nuclear factor kappa-light-chain-enhancer of activated B cells，核因子活化 B 細胞 κ 輕鏈增強子），該轉錄因子參與多種細胞過程，包括發炎和免疫反應，可能調控 DOK5 表現。

（4）AP-1（activating protein-1，活化蛋白 1），該轉錄因子對多種刺激（如生長因子和壓力）作出反應，可調控 DOK5 的表現。

B・**啟動子甲基化**：DOK5 啟動子的甲基化狀態可顯著影響其表現。

高甲基化通常會導致基因靜默，而低甲基化則可能增加表現。DNA 甲基轉移酶（DNA Methyltransferases, DNMTs）和去甲基化酶（demethylase）可以修飾 DOK5 啟動子的甲基化狀態，從而調控其表現。

C・**增強子（enhancer）與抑制子（repressor）**：遠距調控元件如增強子和抑制子，可以與 DOK5 啟動子互動，從而調控其轉錄。這些元件可能位於基因數千個鹼基對之外，並且具有組織特異性或對特定細胞狀況做出反應。

D・**染色質重塑**：染色質結構的變化（如組蛋白修飾）可影響 DOK5 基因對轉錄機械的可接觸性。可能調控 DOK5 表現的關鍵組蛋白修飾包括：

（1）組蛋白乙醯化（acetylation）：通常與活性轉錄相關，組蛋白乙醯轉移酶（histone acetyltransferases, HATs）和組蛋白去乙醯酶（histione deacetylases, HDACs）可修飾 DOK5 周圍組蛋白的乙醯化狀態。

（2）組蛋白甲基化：根據修飾的具體殘基，組蛋白甲基化可以促進或抑制轉錄。針對特定離胺酸殘基（如 H3K4、H3K9、H3K27）的組蛋白甲基轉移酶和去甲基化酶，可影響 DOK5 的表現。

（3）其他組蛋白修飾：磷酸化、泛素化（ubiquitination）和相撲蛋白（small ubiquitin-related modifier, SUMO）修飾化（SUMOylation），也可以影響染色質結構和基因表現。

E・**染色質迴圈**：染色質的三維組織可以將遠距調控元件與 DOK5 啟動子鄰近，使其表現受到影響。參與染色質迴圈的蛋白（如 CTCF 和 Cohesin）可能參與調控 DOK5 的表現。

F．細胞核結構：DOK5 基因在細胞核空間中的位置可影響其轉錄活性，與核層或特定核區域的關聯，可能影響其表現。

G．表觀遺傳記憶：DOK5 基因或其調控區域上的表觀遺傳標記，可透過細胞分裂繼承，從而在某些細胞系中維持特定的表現模式。

轉錄後調控（post-transcriptional regulation）

在轉錄完成後，DOK5 的 mRNA 可以透過各種機制進行調控：

A．選擇式剪接：DOK5 可產生不同的剪接變體，這些變體可能導致具有不同功能或定位的蛋白質。可能調控 DOK5 剪接的因子包括：

（1）SR 蛋白（serine/arginine-rich proteins，絲胺酸／精胺酸豐富蛋白）。這些蛋白可影響剪接位點的選擇，並可能影響 DOK5 的剪接模式。

（2）異質性核核糖核蛋白（heterogeneous nuclear ribonucleoprotein, hnRNP）：可調節剪接，並可影響 DOK5 異構體的產生。

B‧組織特異性剪接因子：某些在特定組織中表現的剪接因子，可能促進 DOK5 的組織特異性異構體的形成。DOK5 的 mRNA 穩定性可受 RNA 結合蛋白及 microRNA 的影響，進而影響其半衰期和轉譯效率。調控 DOK5 mRNA 穩定性的因素，包括：

（1）富集 AU 元件（AU-rich element, ARE）結合蛋白。如果 DOK5 mRNA 含有 AREs，像 HuR 或 AUF1 這樣的蛋白，可能會結合並影響其穩定性。

（2）RNA 結合蛋白：多種 RNA 結合蛋白可能與 DOK5 mRNA 的特定位點相互作用，調節其穩定性或定位。

（3）無義媒介的降解（nonsense-mediated decay, NMD）途徑：可能會降解含有提前終止密碼子的 DOK5 mRNA 變體。

C‧microRNA 調控：特定的 microRNA 可能會靶向 DOK5 mRNA 進行降解或轉譯抑制。潛在靶向 DOK5 的 microRNA 可以透過生物資訊學（bioinformatics）預測工具和實驗驗證加以識別。在不同的細胞環境中，這些 microRNA 的表現可能為 DOK5 調控提供額外的層次。

D‧轉譯調控：DOK5 mRNA 的蛋白質轉譯可以透過多種機制來進行調控：

（1）內部核糖體進入位點（internal ribosome entry site, IRES）：如果存在於 DOK5 mRNA 中，這些元件可以在某些條件下允許無帽依賴（cap-independent）的轉譯。

（2）上游開放閱讀框（upstream open reading frames, uORFs）：這些位於 DOK5 mRNA 的 5' UTR 中的元件，可能會調節主開放閱讀框的轉譯效率。

（3）RNA 次級結構：DOK5 mRNA 中的特定結構（如莖環或擬

結構），可能會影響轉譯效率或核糖體聚集。
（4）RNA 結合蛋白：某些蛋白結合到 DOK5 mRNA 的特定位點，可能會促進或抑制其轉譯。
（5）壓力顆粒（stress granules）與 P 小體（processing bodies, P-bodies）：在壓力條件下，DOK5 mRNA 可能被隔離在這些細胞質結構中，暫時停止其轉譯。

轉譯後調控（post-translational regulation）

作為一種轉接蛋白，DOK5 主要透過磷酸化進行調節，這會影響其活性、定位和與其他蛋白的相互作用。DOK5 磷酸化的關鍵方面包括酪胺酸磷酸化，這對 DOK5 在 RTK 訊息傳導中的功能至關重要，特定的酪胺酸殘基作為含 SH2 結構域蛋白的對接位點。另外，多種激酶可能磷酸化 DOK5，包括受體酪胺酸激酶、Src 家族激酶及可能的絲胺酸／蘇胺酸激酶（serine/threonine kinase），如 PKC 或 MAPK。

環境和生理調控

DOK5 的表現和活性可以受到多種環境和生理因素的影響，例如神經營養因子和其他生長因子，可以誘導 DOK5 的表現和活化。這種調控可能涉及生長因子訊息傳導對 DOK5 轉錄的上調、氧化壓力和其他形式的細胞壓力，可能會影響 DOK5 的表現和功能，而壓力誘導的 DOK5 轉錄或影響 mRNA 穩定性的變化。

A・激素調控：如胰島素可能影響 DOK5 的表現和活性，特別是在代謝活躍的組織中，而激素誘導的訊息傳導級聯反應，間接影響

DOK5 的表現或功能。

B．發育訊息： 在胚胎發育和組織分化過程中，DOK5 的表現可能受到特定發育訊息的調控，並影響到發育階段特異的轉錄因子，在發育過程中調控 DOK5 表現。

透過細胞過程進行調控

多種細胞過程可以間接調控 DOK5 的表現或功能，受到細胞週期依賴性調節，過程中涉及細胞週期特異的轉錄因子調控。隨著細胞分化，DOK5 的表現或功能也會發生變化，因素包括譜系特異的轉錄因子在分化過程中調控 DOK5。另外，DOK5 的調控可能在凋亡過程中發生變化。這是因為細胞凋亡或生存決策中，DOK5 的功能或相互作用產生的變化。

透過細胞間通訊調控

細胞間訊息傳遞也可以影響 DOK5 的調控，主要是鄰近細胞分泌的因子可能調控 DOK5 的表現或功能。內分泌訊息傳導也會影響遠端組織中 DOK5 的調控。另外，在神經組織中，突觸活動和神經遞質訊息傳導，可調控 DOK5 的表現或功能。

草本成分對 DOK5 基因表現的影響

儘管目前針對草本成分對 DOK5 基因表現的直接研究仍相對有限，但透過相關基因及訊息傳導途徑的研究，我們可以推測其潛在影響。許多草本成分已被證實可調節參與細胞訊息傳導、存活和分化的基因。這些過程亦與 DOK5 息息相關。

薑黃素（curcumin）

薑黃素是從薑黃（*Curcuma longa*）中萃取的化合物，因其多種生物活性已經過廣泛研究。這些效應可透過多種不同機制，影響 DOK5 蛋白的功能和表現。在訊息傳導調節方面，薑黃素被證實能夠調節多條訊息傳導路徑，包括受體酪胺酸激酶相關的路徑，而 DOK5 與這些酶有緊密的關聯。藉由影響激酶及磷酸酶的活性，薑黃素可改變 DOK5 的磷酸化狀態，進而影響其與其他訊息分子之間的互動。此外，薑黃素還可調節與 DOK5 相關的訊息級聯反應（cascade reaction），從而改變細胞對生長因子的反應。

在基因表現的調控層面，薑黃素也展現出調節參與細胞存活與分化的基因表現的能力，這當中可能包括 DOK5。其機制可能涉及直接影響調控 DOK5 表現的轉錄因子，或者透過改變表觀遺傳機制來調整 DOK5 基因的轉錄過程。此外，薑黃素可能藉由間接調控相關的訊息傳導途徑，來影響 DOK5 的功能。

表觀遺傳修飾則是薑黃素影響 DOK5 表現的重要途徑之一。研究顯示，薑黃素可干擾 DNA 甲基化與組蛋白修飾，進而間接影響 DOK5 的表現。薑黃素可能抑制 DNA 甲基轉移酶（DNMTs），導致 DOK5 啟動

子區域去甲基化，或調節組蛋白乙醯轉移酶（HATs）及組蛋白去乙醯酶（HDACs）的活性，從而改變 DOK5 基因周圍的組蛋白乙醯化狀態，影響染色質結構並進一步調節其表現。

薑黃素的抗氧化特性也能透過調節細胞內的氧化壓力，間接影響 DOK5 的表現。它能減少氧化壓力導致的 DOK5 表現或功能異常，或調控與氧化還原平衡相關的轉錄因子，這些因子進而影響 DOK5 的表現。此外，藉由影響細胞內的氧化還原平衡，薑黃素能夠間接調節與 DOK5 相關的訊息傳導路徑。

薑黃素的抗炎作用，也可能間接影響 DOK5 的表現或功能。它能夠調控發炎訊息路徑。這些路徑與 DOK5 相關的生物過程存在交互作用，或改變影響 DOK5 表現的發炎介質的生成。除此之外，薑黃素還可以透過調節細胞微環境，來進一步影響 DOK5 的訊息傳導活動。

最後，**薑黃素的神經保護效應與 DOK5 在神經元發育與功能中的作用，也存在潛在關聯。**薑黃素可能調控 DOK5 媒介的神經營養因子訊息傳導，或在神經元的存活和分化過程中，改變 DOK5 的表現及其功能。此外，薑黃素可能透過影響 DOK5 在突觸可塑性或神經修復過程中的作用，促進神經系統的健康恢復。

水飛薊素（silymarin）

水飛薊素是從乳薊（*Silybum marianum*）中提取的一種類黃酮，具有多種生物活性，並可能影響 DOK5 的表現或功能。首先，水飛薊素已被證實能夠影響多種訊息傳導路徑，這些路徑可能與 DOK5 有關聯。水飛薊素可能改變 DOK5 參與的受體酪胺酸激酶訊息級聯反應，或調節 DOK5 依賴的下游效應分子的活性。它還可能透過改變 DOK5 及其相互

作用蛋白的磷酸化狀態，進一步影響 DOK5 的功能。

在基因表現方面，**水飛薊素已被研究證實其作用能調控細胞週期以及與其凋亡相關**，其中也涉及 DOK5。這種影響的潛在機制包括直接作用於調控 DOK5 表現的轉錄因子，或間接調節影響 DOK5 轉錄的訊息傳導途徑。此外，水飛薊素可能影響表觀遺傳機制，從而調整 DOK5 基因的可接觸性，進一步影響其表現。

在表觀遺傳效應方面，**水飛薊素也展示了其改變 DNA 甲基化模式的能力**，影響 DOK5 的表現。具體來說，水飛薊素可能改變 DOK5 啟動子區域的甲基化狀態，或調節 DNA 甲基轉移酶及去甲基化酶的活性，進而調控 DOK5 基因的表現。此外，水飛薊素可能透過改變 DOK5 相關基因的染色質結構，影響其表現與功能。

水飛薊素的抗氧化與抗炎作用能間接影響 DOK5 的表現。它能減少氧化壓力引起的 DOK5 功能異常，並調控與發炎訊息傳導相關的途徑，這些途徑可能與 DOK5 媒介的過程有所交互。此外，水飛薊素也能改變細胞的微環境，進一步影響 DOK5 相關的訊息傳導過程。

胡椒鹼（piperine）

胡椒鹼是黑胡椒（*Piper nigrum*）中的主要生物鹼，其多種生物活性能對 DOK5 的表現或功能產生潛在影響。胡椒鹼以提升其他化合物的生物利用度而聞名，這能增強其他草本成分對 DOK5 表現的作用。例如，它可以加強影響 DOK5 調控的化合物在細胞中的吸收，促進與 DOK5 調控相關的營養或輔因子的吸收，或影響其他與 DOK5 相關的活性化合物的代謝。

在基因表現調控方面，**胡椒鹼已被證明能夠改變多種基因的表現，這些基因可能涉及與 DOK5 相關的訊息傳導路徑。**潛在機制包括直接調節 DOK5 表現的轉錄因子，或間接影響訊息傳導級聯反應，進一步調控 DOK5 基因的轉錄。此外，胡椒鹼還可能透過調節表觀遺傳機制，改變 DOK5 基因的可接觸性，進而影響其表現。

胡椒鹼的抗氧化效應也可能對 DOK5 的表現產生間接影響。透過調節細胞內的氧化還原狀態，胡椒鹼可能減少由氧化壓力引起的 DOK5 功能變化，或影響與氧化還原狀態相關的轉錄因子，從而調控 DOK5 的表現。此外，胡椒鹼還可能改變受氧化還原影響的訊息傳導路徑，進一步影響 DOK5 的活性。

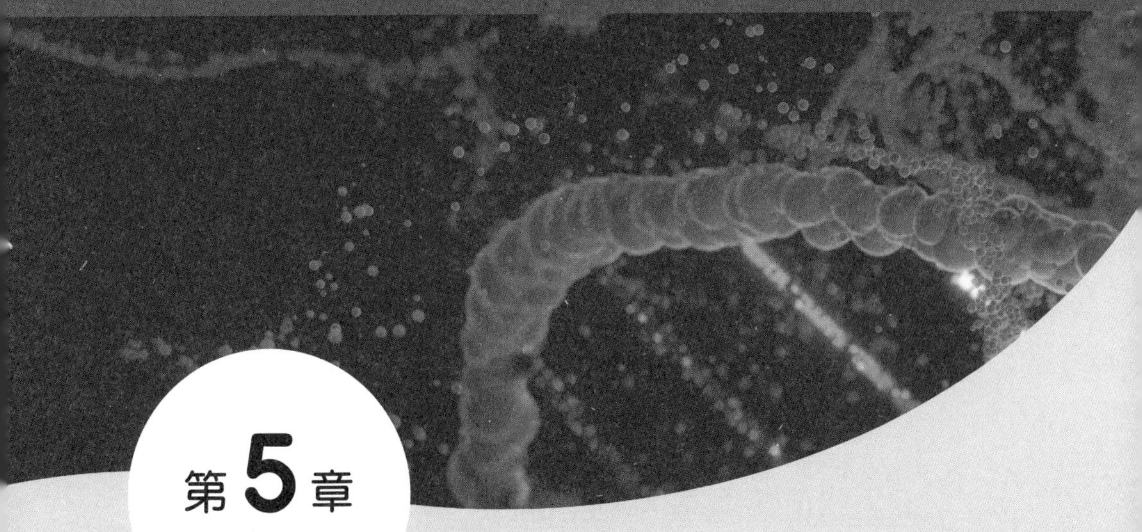

第 5 章

CISD2 基因

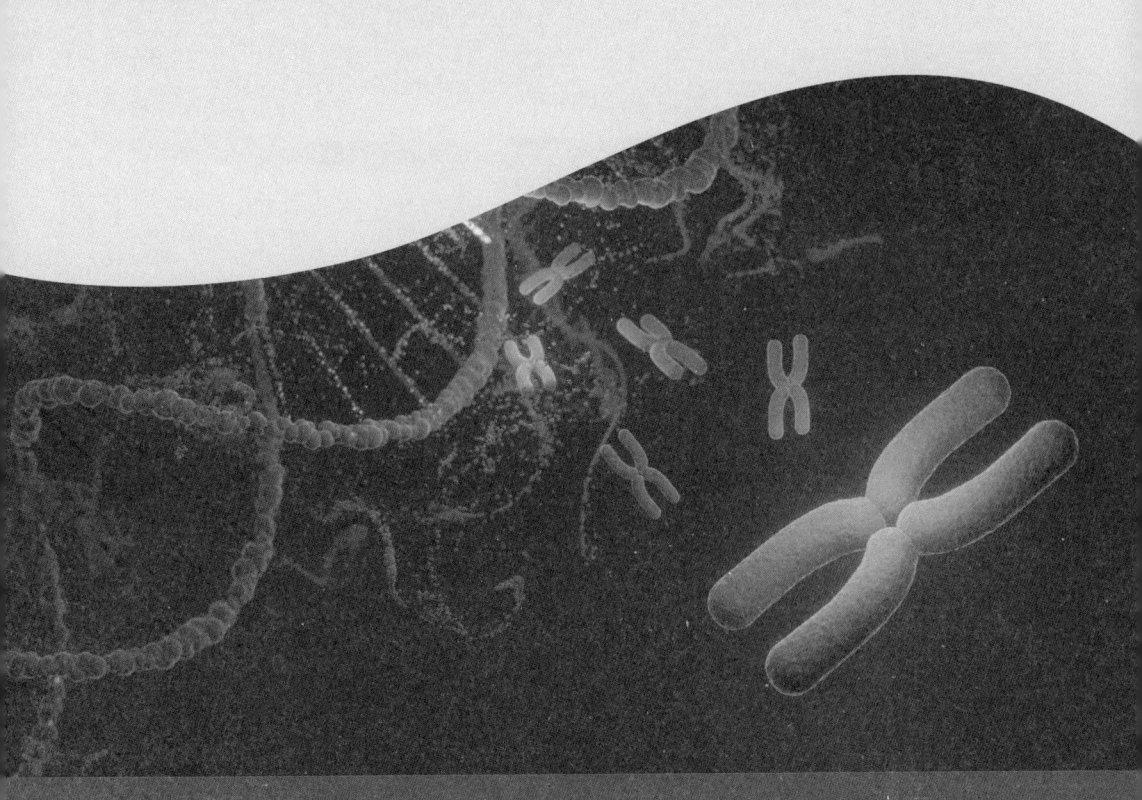

CISD2 基因在哪裡？

　　CISD2（CDGSH iron sulfur domain 2，CDGSH 鐵硫域含蛋白 2）基因位於人類的第 4 號染色體，其在基因表現、細胞健康和老化過程中的重要性逐漸被揭示。

染色體位置與基因組座標

　　CISD2 基因位於人類的第 4 號染色體長臂（q 臂）的 4q24 區域。這個位置是基因組中重要的標記點之一，代表了 CISD2 在基因組上的具體位置。根據人類基因組 GRCh38/hg38 版本，CISD2 基因具體位於第 4 號染色體的 103,787,978 到 103,852,432 座標位置上，該基因區域跨越約 64.5 千鹼基對（kb）。這些基因組座標能夠為進行基因定位、變異分析，以及研究 CISD2 在基因組中的功能和調控，提供精確的依據。

▲ CISD2 的基因座。

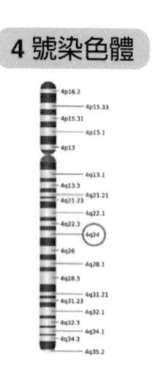

染色體 4q24 區域除了包含 CISD2 基因外，還擁有許多其他與細胞功能密切相關的基因。這些基因位於染色體的長臂上，表現出高度的基因密集性。CISD2 基因的精確位置，使研究人員能夠針對其周圍的基因組區域進行深入研究，並探索其在健康和疾病中的作用。

基因組座標的明確標定，讓我們能夠了解基因組在不同物種中的保守性和變異性，尤其是當 CISD2 基因被發現與某些疾病相關時，這一訊息對於深入了解其致病機制至關重要。CISD2 基因位於染色體長臂 4q24 區域，這意味著它可能參與了染色體穩定性、基因調控等多種細胞過程。這個基因區域對許多基因的轉錄和表現有調控作用，對於維持細胞的正常運作非常重要。

基因組座標也可以幫助科學家進行基因編輯和序列分析（sequence analysis）。精確的座標能讓研究人員更好地設計引導 RNA（gRNA），用於基因編輯技術（如 CRISPR/Cas9）來研究 CISD2 的功能或修復其突變。這為未來可能的基因治療和疾病干預奠定了基礎，特別是在 CISD2 被認為與某些遺傳病或神經退化性疾病有關的情況下。

基因結構與鄰近基因

CISD2 基因由三個外顯子構成，這些外顯子是在基因表現過程中被轉錄成 mRNA、並最終轉譯成蛋白質的部分。每個外顯子由內含子隔開，而內含子在 mRNA 成熟過程會被剪接去除。CISD2 的外顯子和內含子結構為其提供了在不同細胞環境中，進行正確表現的能力。這種基因結構相對簡單，表明了 CISD2 在基因轉錄和轉譯過程中的精確性與穩定性。

此外，CISD2 的啟動子區域位於第一個外顯子的上游，這個區域包含了多個轉錄因子的結合位點。這些轉錄因子透過結合啟動子來調控 CISD2 基因的轉錄水平。啟動子區域的活性對於基因表現的調控至關重要，決定了 CISD2 在不同的細胞類型和發育階段中的表現模式。

CISD2 基因的鄰近基因也為其功能提供了額外的線索。在 CISD2 上游，最顯著的鄰近基因是細胞核因子 -kB 亞基 1（nuclear factor kappa B subunit 1, NFKB1），這個基因參與細胞內的免疫反應和發炎調控。NFKB1 的調控功能，顯示出 CISD2 可能與免疫系統調控有關聯。在 CISD2 的下游，則是 β- 甘露糖苷酶（mannosidase beta, MANBA）基因，該基因負責代謝途徑中的 β- 甘露糖苷酶生成，這是一種參與碳水化合物代謝的酶。這些鄰近基因可能與 CISD2 協同作用，參與代謝、免疫反應及細胞內穩態維持的過程。

這些基因的相鄰性，提示 CISD2 所在的 4q24 區域可能是一個多基因調控區域。這些基因可能共享調控元件，或共同參與某些特定的生物學路徑。這種基因簇結構可能會受到同一調控網絡的影響，導致它們在不同生理或病理狀態下表現變化的一致性。例如，NFKB1 和 MANBA 基因與 CISD2 的共同表現可能表明，這些基因在某些疾病的發展過程中，有著潛在的共同作用。

基因調控與表觀遺傳修飾

CISD2 基因的表現調控涉及多種層次的調節機制，包括啟動子區域的轉錄因子結合、基因調控元件（regulatory element），如增強子和靜默子（silencer）的影響。這些元件透過調控基因的轉錄效率，來影響其在不同組織中的表現。CISD2 的啟動子區域內含有多個轉錄因子的結合位

點，這些結合位點在細胞環境或外部刺激的影響下，決定該基因是否被啓動或抑制。

除了轉錄因子的調控作用外，CISD2 的表觀遺傳修飾也在基因表現中扮演重要角色。DNA 甲基化是表觀遺傳調控的一種常見形式，通常與基因靜默相關。當 CISD2 基因的啓動子區域被高度甲基化時，基因的表現會受到抑制。這種情況在某些細胞類型或疾病狀態下，尤爲明顯。反之，當啓動子區域的甲基化水平下降時，CISD2 的表現水平會上升。

組蛋白修飾，如乙醯化和甲基化，也在 CISD2 基因的表現調控中發揮了重要作用。組蛋白乙醯化通常與染色質開放和基因活化相關，而組蛋白甲基化可能具有雙重作用，既能活化基因，也能抑制基因表現，具體取決於修飾的位置和上下的環境。這些修飾改變了 CISD2 基因周圍染色質的結構，使轉錄機械更容易或更難接近該基因。

CISD2 的表觀遺傳修飾與許多病理過程相關，尤其是在細胞老化和某些疾病的發展中。研究表明，隨著年齡增長，CISD2 基因的表觀遺傳修飾模式會發生變化。這些變化會導致基因表現的下降，進而引發細胞功能的下降和器官退化性病變。這些表觀遺傳機制的深入研究，可能有助於揭示與衰老相關的分子機制，並爲延緩老化或治療衰老相關疾病，提供新的治療策略。

臨床相關性與基因變異

CISD2 基因與多種疾病相關，最顯著的是沃夫然第二型症候群（Wolfram Syndrome 2, WFS2）。WFS2 是一種罕見的遺傳病，其臨床表現包括早發性糖尿病、神經退行化性變化和感覺神經性耳聾。這種疾病由 CISD2 基因的突變所引起，導致細胞內能量代謝和粒線體功能的嚴重受

損。CISD2 基因的突變會改變其蛋白質產物的結構和功能，進而導致細胞能量不足，最終引發細胞死亡和組織損傷。

CISD2 基因的變異還與其他神經退化性疾病相關，例如阿茲海默症（Alzheimer's disease）和帕金森氏症（Parkinson's disease）。在這些疾病中，CISD2 基因的功能失調，會導致神經元能量代謝紊亂，最終引發神經細胞死亡。研究顯示在這些神經退化性疾病患者中，CISD2 的表現顯著降低。這表明該基因可能在疾病的病程進展中，扮演了重要角色。其基因突變或功能失常會影響粒線體的正常功能，進而導致細胞死亡和神經系統的退化性變化。

除了與遺傳疾病相關外，CISD2 基因的單核苷酸多態性和小型插入缺失（inDels）變異，也與代謝性疾病和免疫系統疾病有關。這些基因變異會改變 CISD2 基因的表現水平或功能，從而影響細胞的代謝狀態和對外部壓力的反應。例如，某些 SNP 可能會導致 CISD2 基因表現下降，這與某些代謝疾病的風險增加有關。這些基因變異的研究，有助於揭示 CISD2 在不同人群中的遺傳差異，並為疾病的預測和治療提供依據。

臨床上，CISD2 基因變異的研究不僅有助於診斷 WFS2，還為了解該基因在其他相關疾病中的作用，提供了寶貴的訊息。隨著對 CISD2 基因變異研究的深入，未來可能會開發出針對該基因突變的精準治療方法，這將對治療與 CISD2 相關的遺傳病和神經退化性疾病，產生深遠的影響。

CISD2 基因的作用

　　CISD2 基因在多種細胞過程中具有至關重要的作用，尤其是在維持粒線體功能和調節細胞內穩態（cellular homeostasis）方面。為了全面了解其功能，我們可以從以下幾個方面進行探討。

CISD2 基因的蛋白質結構與細胞定位

　　CISD2 基因編碼的蛋白質稱為「CISD2」或「營養缺乏自噬因子 -1」（Nutrition-deprivation Autophagy Factor-1, NAF-1）。這個蛋白則是屬於 CDGSH 鐵－硫結合域蛋白家族。CISD2 蛋白的結構特徵和其在細胞內的定位，決定了它在多種細胞過程中發揮的重要作用。

　　首先，CISD2 含有一個 [2Fe-2S] 簇，這是一個關鍵的鐵－硫結構，參與電子轉移反應和氧化還原反應。這些反應對於維持細胞能量代謝和穩態而言很重要，因為粒線體的功能在很大程度上依賴於這些過程，來產生 ATP 並支持細胞活動。

　　該蛋白質主要定位於粒線體外膜和內質網（endoplasmic reticulum, ER）之間。這樣的定位對於 CISD2 來說，具有深遠意義，因為它使該蛋白可以在內質網與粒線體之間發揮橋梁作用，調節內質網與粒線體之間的鈣離子傳輸以及維持它們的功能。<u>這種跨細胞器的定位，使得 CISD2 能夠參與細胞內許多重要的代謝反應，並在應對環境壓力時，發揮穩定細胞器結構的作用</u>。

　　再者，CISD2 以同源二聚體的形式存在，每個單體都包含一個 CDGSH 結構域，這個結構域用於協調和穩定鐵－硫簇的存在。這樣的二聚體結構不僅有助於維持蛋白質的穩定性，還能增強其在細胞中進行複合

功能的能力。

　　研究表明，CISD2 的定位和結構，讓它成為與粒線體和內質網相關蛋白質相互作用的中心。這些相互作用在調節鈣離子傳輸、維持粒線體健康以及細胞內穩態過程中，發揮了重要作用。例如，在鈣離子傳輸方面，CISD2 能夠調節內質網和粒線體之間的鈣流動。這對於粒線體的能量生成和細胞訊息傳導，至關重要。該蛋白在內質網和粒線體之間的穩定作用，有助於保持細胞的正常運行，尤其是在細胞面臨壓力時，如氧化壓力或代謝挑戰時，CISD2 可以透過這些交互作用，幫助細胞恢復穩定。

　　此外，CISD2 在細胞代謝過程中的多重定位也表明，它在多個細胞過程中發揮了協同作用。例如，CISD2 的定位和結構特性使其成為研究細胞代謝和能量平衡的核心目標之一。這些特性不僅有助於細胞在應對環境變化時保持適應性，還可能在某些病理情況下成為治療干預的目標。

CISD2 在粒線體功能和鈣穩態中的角色

　　CISD2 在維持粒線體的完整性和功能方面，發揮了關鍵作用。粒線體被稱為細胞的能量工廠，它透過氧化磷酸化的過程來產生三磷酸腺苷，為細胞提供能量。此外，粒線體在細胞的代謝活動、鈣調控以及程序性細胞凋亡（apoptosis）中，發揮著核心作用。CISD2 的功能不僅僅局限於支持粒線體結構，它還透過鐵－硫簇參與氧化還原反應，影響粒線體的氧化還原狀態，從而維持細胞的能量代謝平衡。

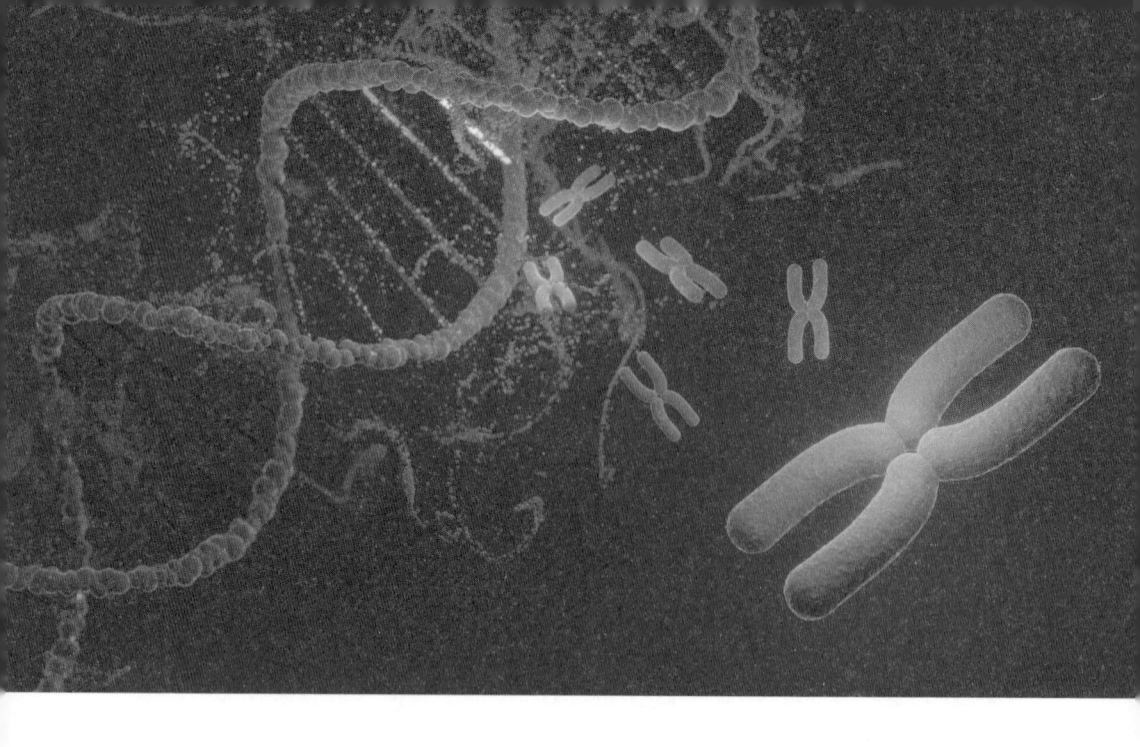

CISD2 在粒線體動態中也具有重要作用，特別是在粒線體的融合（fusion）和分裂（fission）過程中，發揮調控作用。粒線體的融合有助於修復受損的粒線體，確保其功能得以恢復，而分裂則有助於去除受損或功能異常的粒線體，維持細胞內健康的粒線體群體。這些動態變化對於細胞的壽命和功能具有深遠影響，**而 CISD2 透過參與這些過程，確保粒線體網絡在應對外部壓力和損傷時的彈性和適應性**。

在粒線體鈣穩態方面，CISD2 扮演了核心角色。內質網和粒線體之間的鈣離子傳遞，對於調控粒線體功能和細胞訊息傳導至關重要。CISD2 位於這兩個細胞器之間，可能在調節鈣離子的流動方面發揮調控作用。鈣離子的平衡對於粒線體的能量代謝、ATP 生成和多種細胞反應，如訊息傳導、細胞分裂及凋亡等過程，影響重大。CISD2 調節鈣離子濃度的能力，使其在這些過程中具有關鍵作用，確保細胞在正常和壓力環境下，都能維持其基本功能。

這些功能的重要性不僅限於健康細胞。在病理情況下，CISD2 的功能異常可能會導致粒線體功能失常，進而引發細胞代謝失衡和組織損傷。了解 CISD2 在這些過程中的具體作用，有助於開發針對粒線體相關疾病的治療策略，例如在退化性疾病和代謝障礙中，恢復 CISD2 功能可能有助於穩定粒線體功能，減緩疾病進展。

CISD2 在自噬、減緩老化和鐵穩態中的功能

CISD2 在自噬調控中產生重要功能。自噬（autophagy）是細胞在應對營養缺乏或環境壓力時，透過降解和回收細胞內損傷或多餘成分，來維持內穩態的過程。研究表明，CISD2 參與了自噬過程的調節，其作用與 BCL2 蛋白的相互作用密切相關。BCL2 是一種調控凋亡和自噬的重要蛋白質，CISD2 與其互動，能夠在凋亡和自噬之間建立平衡，幫助細胞在壓力環境下保持穩定。這一功能在細胞需要資源回收來維持能量平衡時，尤為重要。

此外，CISD2 與壽命調控有著密切的聯繫。隨著年齡的增長，CISD2 的表現量逐漸下降，而基因敲除 CISD2 的小鼠表現出早衰現象，這些小鼠的細胞和組織出現了多種與老化相關的損傷和功能下降。然而，當 CISD2 表現較多時，動物模型的壽命顯著延長，表明該基因在衰老過程中具有保護作用。這些發現顯示，**CISD2 可能透過維持粒線體功能、調節自噬和鈣穩態，來減緩老化過程。這些功能不僅有助於解釋細胞如何應對老化過程中的壓力，還提供了潛在的抗衰老治療靶點。**

CISD2 在維持細胞鐵穩態方面也發揮著重要作用。其鐵－硫簇不僅是其結構中的關鍵元件，也參與了鐵穩態的感應和調控。CISD2 可能參與了鐵－硫簇的轉運和分配，這些過程對於多種依賴鐵的細胞功能來說很

重要。鐵在細胞代謝和能量生成中具有核心作用，而 CISD2 的調控能力可能影響細胞如何利用和分配鐵資源，從而影響其代謝和能量生產的效率。這些功能對於維持細胞的代謝平衡尤其重要。

CISD2 與壓力反應、細胞死亡及疾病的關聯

CISD2 在應對細胞壓力和調控細胞死亡的過程中，發揮了多重功能。其鐵－硫簇不僅參與了氧化壓力的感應，也可能幫助細胞減輕由活性氧物質（ROS）引起的損傷。此外，由於其位於內質網，CISD2 也參與了內質網壓力反應，例如未折疊蛋白反應（unfolded protein response, UPR）。當細胞面臨內質網壓力時，CISD2 的作用有助於調節這些壓力，維持內質網的穩定和功能正常，確保蛋白質的正常合成和折疊過程。

CISD2 參與多種細胞死亡途徑的調控。透過與 BCL2 的交互作用，它能調節凋亡過程，這在細胞遭遇損傷或外部壓力時，特別重要。CISD2 調控粒線體膜電位（membrane potential）的變化和凋亡訊號的傳遞，使其在細胞死亡調控中發揮了積極作用。此外，最近的研究還表明，CISD2 可能參與了鐵死亡（ferroptosis），這是一種依賴於鐵的計畫性細胞死亡形式。這些研究指出，CISD2 在調控細胞如何應對不同形式的壓力和損傷時，具有關鍵作用。

CISD2 參與的代謝過程不僅限於葡萄糖代謝，還包括脂質代謝和能量感應。透過其在粒線體功能和自噬調控中的角色，CISD2 成為細胞維持能量平衡的重要因素。隨著對 CISD2 基因功能的進一步研究，未來可能會開發出針對其變異的治療方法，以幫助治療與 CISD2 相關的退化性疾病和代謝障礙。

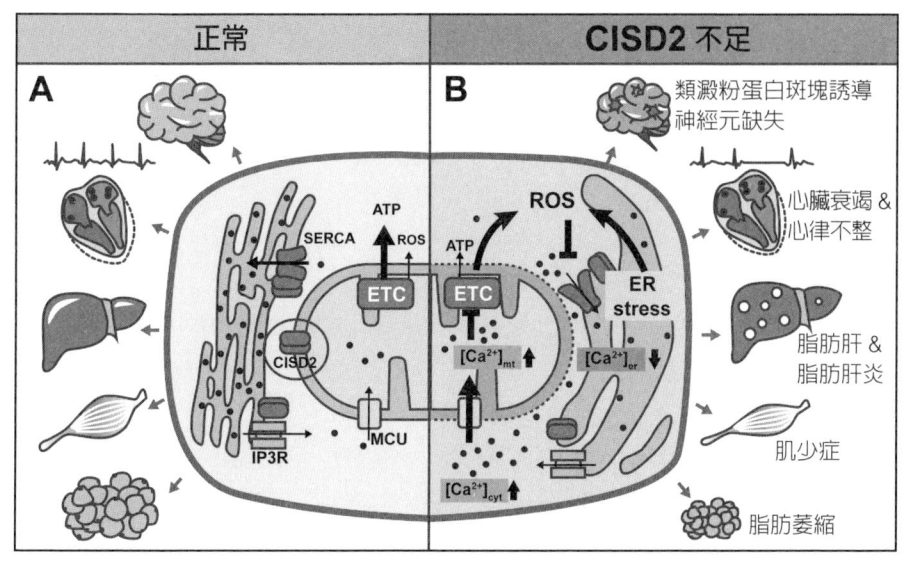

▲ CISD2 減少與許多老化的特徵有關。透過提升 CISD2 的含量，可以減輕老化過程產生的異常，讓粒線體恢復正常作用。

（資料來源：Yeh et. Al., Int. M. Mol. Sci. 21.23(2020):9238.）

P26 是什麼？

　　P26 是一種複合營養補充劑，由多種生物活性成分和萃取物組成。「P」指的是橙皮素（hesperietin），又被稱為「維生素 P」；「2」指的是兩種維生素，維生素 A 和維生素 C；「6」則指的是六種抗氧化物質，葡萄籽萃取物（grape seed extract）、薑黃萃取物、綠茶萃取物、黑大蒜萃取物（black garlic extract）、紅藻萃取物（red algae extract）、酵母硒（*Saccharomyces cerevisiae*）。每種成分都具有潛在的健康益處。為了全面了解 P26，我們需要逐一探討其成分及其特性。

橙皮素

　　橙皮素是一種主要存在於柑橘類水果中的生物類黃酮（flavonoids），具多種潛在的健康益處，是 P26 的主要活性成分之一。首先，橙皮素具有強大的抗氧化特性，能幫助中和自由基（free radicals），減少體內的氧化壓力，從而保護細胞免受損害。其次，它也展現了顯著的抗炎作用，**能有效降低體內的發炎反應，對於多種慢性疾病可能有防護作用。**

　　橙皮素對心血管健康的益處同樣值得注意。研究顯示，它有助於降低血壓並改善脂質水平，進而促進整體心血管系統的健康。此外，橙皮素還具神經保護作用，可能對提升認知功能和降低神經退化性疾病的風險有潛在益處。

　　最後，橙皮素對皮膚健康也有貢獻。研究指出，它有助於保護皮膚免受紫外線傷害，並能提升皮膚彈性，促進皮膚整體健康。因此，橙皮素的多重保健特性使其成為備受關注的天然化合物。

維生素 A

維生素 A 是一種脂溶性維生素，對於維持人體多項基本功能至關重要。首先，**它在視力方面的作用非常顯著，尤其對於在弱光環境下保持良好視力不可或缺**。維生素 A 是視紫質（rhodopsin）的組成部分，能幫助眼睛適應光線變化，避免夜盲症發生。其次，維生素 A 也有助於維持免疫系統的健康，透過增強白血球的功能，幫助身體有效對抗感染。

此外，維生素 A 對皮膚和黏膜健康同樣十分關鍵。它能促進皮膚細胞的更新，維持黏膜的完整性，從而強化皮膚屏障功能，預防乾燥和感染。維生素 A 也參與細胞的正常生長和分化，對於胎兒的發育、組織修復和新陳代謝等過程，具有重要影響。

維生素 A 的抗氧化特性可以中和自由基，減少其對細胞的氧化損傷，進而保護身體免受衰老和疾病的威脅。因此，維生素 A 對於視力、免疫、皮膚健康及細胞功能等多方面的維護，不可或缺。

維生素 C

維生素 C，又稱「抗壞血酸」，是一種水溶性維生素，具備多種重要的健康益處。首先，它作為一種強效的抗氧化劑，能有效保護細胞免受氧化壓力，減少自由基對細胞的損害，從而降低衰老和多種疾病的風險。其次，**維生素 C 在支持免疫系統中扮演關鍵角色，有助於提高機體對感染的抵抗力，預防感冒等常見疾病**。

此外，維生素 C 對膠原蛋白的合成至關重要。膠原蛋白是一種結締

組織中的關鍵蛋白質，不僅可以維持皮膚健康、增加彈性，還能促進傷口癒合和保持血管、骨骼的結構穩定。

葡萄籽萃取物

葡萄籽萃取物來自葡萄籽，富含多酚，尤其是低聚原花青素，擁有廣泛的健康益處。其強效的抗氧化特性，使其能夠有效中和自由基，保護細胞免受氧化損傷，這有助於減少與衰老及各種疾病相關的風險。

葡萄籽萃取物對心血管健康也有益處，它有助於促進血液循環，降低心血管疾病的發生率，並維持整體心臟功能。除了促進血管健康外，這種萃取物還具顯著的抗炎特性，能夠減少全身性的發炎反應，對慢性發炎有潛在的預防效果。

對皮膚健康的影響同樣值得注意。研究表明，**葡萄籽萃取物可能有助於提升皮膚彈性，並減少皺紋的產生，從而改善皮膚外觀**。新興的證據顯示，葡萄籽萃取物也可能具有神經保護作用，對於維持和改善認知功能具潛在好處，因此被視為具有多方面健康效益的天然補充品。

薑黃萃取物

薑黃萃取物的主要活性成分是薑黃素，因其多種健康益處而廣受關注，其抗炎特性尤為突出。薑黃素能有效減少發炎反應，對於管理多種慢性疾病，如關節炎、心血管疾病等，具有潛在的幫助。同時，薑黃萃取物作為強效的抗氧化劑，能夠中和自由基，減少氧化壓力。這不僅對細胞的健康有益，還能減少與衰老和疾病相關的風險。

薑黃素對腦部健康也有正面影響，研究顯示它具有神經保護特性，

可能有助於改善認知功能，降低罹患神經退化性疾病的風險。此外，**薑黃萃取物因其強大的抗炎特性，還被認為對關節健康有益，特別是在緩解關節炎引起的疼痛和發炎方面顯示出良好效果。**薑黃長期以來也被用於維持消化健康，傳統醫學中常用來緩解消化不良等症狀。

綠茶萃取物

綠茶萃取物富含多酚，特別是兒茶素（catechin），具有廣泛的健康益處，深受科學界關注。首先，**綠茶萃取物擁有強效的抗氧化特性，能夠幫助保護細胞免受自由基和氧化壓力的損害，進而減少與衰老和疾病相關的風險。**除了抗氧化功能外，綠茶萃取物還被認為對體重管理有潛在助益。

研究顯示它可能透過促進新陳代謝，幫助身體更有效地燃燒脂肪，因而有助於體重控制。對心血管健康的維持，也是綠茶萃取物的另一項重要特性。這種萃取物有助於調節膽固醇和血壓，從而降低心血管疾病的風險。綠茶萃取物對大腦健康同樣有潛在的正面影響。一些研究指出，它可能有助於提升認知功能，延緩神經退化。

黑大蒜萃取物

黑大蒜是經過特殊條件下、老化新鮮大蒜後產生的產品，擁有許多獨特的健康益處。與新鮮大蒜相比，黑大蒜的抗氧化活性顯著增強，其抗氧化劑含量更高，有助於保護細胞免受自由基的損害，減少氧化壓力對身體的負面影響。

黑大蒜對心血管健康也有正面作用。研究顯示，它能改善膽固醇水平並有助於調節血壓，進而維持心臟健康並降低心血管疾病的風險。黑大蒜還展現出對免疫系統的支持功能，它能增強機體對抗感染的能力，有助於維持整體健康。

　　黑大蒜的抗炎特性也值得關注。一些研究指出，黑大蒜可能對多種健康狀況有益，特別是與慢性發炎相關的疾病。雖然初步研究顯示，黑大蒜萃取物可能具有抗癌效應，但仍需進一步研究來確定其潛力。總體而言，黑大蒜作為一種經過加工的天然產品，因其強大的抗氧化及其他健康益處，越來越受到人們的關注。

紅藻萃取物

　　紅藻萃取物來自多種紅海藻，因其對健康的多重益處而受到廣泛關注。首先，紅藻富含抗氧化劑，能有效中和自由基，保護細胞免受氧化損傷，這對於降低與衰老和疾病相關的風險來說，十分重要。紅藻中的一些化合物也顯示出增強免疫系統的潛力，有助於提高機體抵抗感染和疾病的能力。此外，紅藻萃取物的抗炎特性使其成為一種有潛力的天然抗炎劑，可能對改善多種慢性病有益，如關節炎或心血管疾病。

　　對於心血管健康，紅藻中的某些化合物有助於改善膽固醇水平和調節血壓，能維護心臟健康並降低罹患心血管疾病的風險。紅藻萃取物還因其在護膚方面的應用而受到青睞，具有潛在的保濕作用，能夠提升皮膚彈性和水合度，改善皮膚整體外觀。總體來說，紅藻萃取物的多重功能，使其成為一種具有廣泛應用前景的天然成分，**對於整體健康和皮膚護理都具備潛在益處**。

酵母硒

硒是一種人體必需的微量元素，對健康具有重要作用，而酵母硒是一種易於被人體吸收的有機硒形式。首先，硒是多種體內抗氧化酶的關鍵成分，能夠幫助中和自由基，保護細胞免受氧化損傷，進而延緩衰老和降低罹患疾病的風險。此外，硒在維持甲狀腺健康方面，也發揮著不可或缺的作用，對甲狀腺激素的生成和甲狀腺功能的正常運作來說，至關重要。

硒對免疫系統的支持同樣值得關注。研究表明，它能幫助增加身體對抗感染的能力，促進免疫系統的正常運作。雖然在心血管健康方面仍需進一步研究，但初步證據顯示，硒可能有助於維持心臟健康，支持心血管功能的正常運作。此外，一些研究指出，硒可能在癌症預防中具有潛在作用，但這一領域仍需更多科學驗證。總而言之，**硒作為人體不可或缺的微量元素，對於抗氧化、甲狀腺、免疫和心血管健康等，都有重要的貢獻。**

P26 對 CISD2 基因表現的影響

　　P26 成分之間的協同效應和交互作用，顯示出其在調節 CISD2 表現及促進細胞健康方面的潛力。這些成分不僅單獨有效，其協同效果可能為 CISD2 的表現和功能創造更有利的環境。未來的研究應進一步探索這些化合物之間的交互作用，以及如何利用這些協同效應，來開發更有效的抗老化產品和治療策略。透過更全面地了解 P26 成分之間的相互作用，我們有望發現更多支持細胞健康和延緩衰老的途徑。

P26 中的橙皮素與 CISD 表現及其抗衰老潛力

　　橙皮素是橙皮苷的苷元形式，也是 P26 的成分之一，廣泛存在於柑橘類水果中。研究顯示，橙皮素對 CISD2 表現有顯著的正向作用。CISD2 是一種與細胞健康和長壽密切相關的基因，其主要功能包括調節粒線體功能和抗氧化壓力。由於 CISD2 在老化過程中通常下調，而這種下調與多種年齡相關疾病的發展有關，因此橙皮素被認為是一種具有潛力的 CISD2 活化劑，並具有抗衰老特性。

　　在探索 CISD2 活化劑的過程中，研究人員篩選了多種天然化合物，包括各種草藥及其結構類似物。經過深入分析，橙皮素被識別為一種有前景的 CISD2 活化劑，並且能夠在體外實驗和體內實驗環境中增強 CISD2 表現。這一發現是基於使用 HEK293-CISD2 報導細胞系，以及包含完整人類 CISD2 基因的轉基因報導小鼠模型的結果。

　　在體外實驗中，研究人員使用 10μM 濃度的橙皮素處理來自一位 65 歲男性的角質形成細胞（HEK001 細胞）48 小時，結果顯示 CISD2 的表現顯著增加，達到原表現水平的兩倍左右。這一結果具有重要意義，因為在

衰老的過程中，角質形成細胞的 CISD2 表現通常會下調。此外，濃度依賴性分析顯示，橙皮素在 1 至 100 μM 濃度範圍內，對細胞增殖沒有明顯影響，且在低於 30 μM 的濃度下，沒有觀察到細胞毒性，表明橙皮素在適當濃度下，能夠有效增強 CISD2 表現，同時不會導致細胞壓力或毒性。

橙皮素在體內實驗的效果，也顯示出顯著的 CISD2 增強作用。當以口服方式給予老年小鼠橙皮素時，其 CISD2 表現顯著增加。在一項針對 21 個月齡小鼠的晚期生命治療中，持續 5 個月的橙皮素治療能夠有效延緩皮膚老化，並且使老年小鼠的皮膚恢復至年輕小鼠的狀態。這種長期治療不僅增強了小鼠心臟和骨骼肌中 CISD2 的表現，同時還促進了小鼠的健康壽命。值得注意的是，經過 6～7 個月的長期治療後，未發現任何明顯的體內毒性。

橙皮素增強 CISD2 表現的作用機制，與其對粒線體功能和抗氧化壓力保護的效果，密切相關。在 HEK001 角質形成細胞中，橙皮素透過增強 CISD2 的表現來提高粒線體的功能，並對抗由活性氧化物質（reactive oxygen species, ROS）引起的氧化壓力。實驗顯示，在 CISD2 被敲低的細胞中，橙皮素對粒線體耗氧率（OCR）增強的效果消失。這進一步證明了 CISD2 在橙皮素作用於粒線體功能過程中的關鍵作用。

橙皮素作為 CISD2 活化劑的潛力，在抗衰老研究中具有廣泛意義。CISD2 是已知的長壽基因之一，在哺乳動物中負責調節健康壽命。隨著年齡的增長，CISD2 的表現會逐漸下調，這種變化與多種老化相關的組織和器官功能衰退有關。因此，**透過增強 CISD2 的表現，橙皮素可能有助於抵抗年齡相關的衰退，促進長壽。**

在皮膚老化的研究背景下，橙皮素增強 CISD2 表現的能力尤為重

要。CISD2 主要在表皮基底層的增殖角質形成細胞中表現，但在經常受到陽光曝晒的表皮中，CISD2 表現通常下調。橙皮素透過增加 CISD2 表現，可能有助於防止紫外線（UV）誘導的皮膚損傷並減緩皮膚老化的進程。這一發現對於皮膚護理及抗衰老產品的開發具有重要參考價值。

橙皮素作為一種天然的 CISD2 活化劑，其對粒線體功能和抗氧化壓力的調節作用，為其作為抗衰老劑的潛力提供了支持。隨著對橙皮素的深入研究和應用，其可能在未來的抗衰老治療中扮演更重要的角色。透過進一步探討其對 CISD2 和其他相關途徑的作用機制，P26 有望成為預防和延緩衰老的有效天然物質。

薑黃素與 CISD2 表現的關係及其抗衰老潛力

薑黃素是薑黃萃取物中的主要活性成分，也是 P26 的成分之一。雖然目前關於薑黃素對 CISD2 表現影響的研究尚不如橙皮素全面，但已有證據顯示，薑黃素具有增強 CISD2 表現的潛力，並可能在減緩老化相關衰退中發揮作用。CISD2 基因對維持細胞健康和延緩老化過程具有重要作用，其在老化和疾病進程中的下調與多種健康問題，密切相關。因此，薑黃素作為 CISD2 的潛在活化劑，具有顯著的研究價值。

在體內實驗中，薑黃素顯示出能夠上調 CISD2 表現的效果。研究發現，在老化和發炎反應的背景下，薑黃素治療可以顯著提高 CISD2 的表現水平。這一結果表明，薑黃素可能有助於對抗 CISD2 表現隨年齡下降的趨勢，並在一定程度上減緩與衰老相關的功能衰退。這種上調作用可能為應對年齡相關疾病，提供了新的潛在治療途徑，特別是在發炎相關的慢性病及衰老相關的機制中。

體外實驗的研究表明，薑黃素也具有提高 CISD2 表現的能力，尤其是

在神經細胞中。這一效果顯示，薑黃素能夠在特定細胞類型中增強 CISD2 的表現，從而發揮保護作用。具體來說，薑黃素增強 CISD2 表現的效果，與減輕發炎反應以及防止酯多醣（lipopolysaccharide, LPS）刺激所引起的神經細胞粒線體功能障礙有關。由此可見，薑黃素不僅可以調節 CISD2 表現，還可能透過其抗炎及保護粒線體功能的特性，維持細胞健康。

薑黃素的細胞保護作用似乎依賴於 CISD2 的表現。在實驗中，當神經細胞中的 CISD2 表現被短小干擾 RNA（siRNA、siCISD2）降低時，薑黃素在無壓力和 LPS 刺激條件下的保護效果，顯著下降。這說明了薑黃素對細胞發炎和粒線體功能障礙的保護作用，至少部分依賴於 CISD2 的正常表現水平。因此，**CISD2 在薑黃素所誘導的保護機制中，扮演著關鍵角色，進一步強調了其在抗衰老和細胞保護中的重要性。**

雖然目前尚未完全闡明薑黃素增強 CISD2 表現的具體機制，但研究人員推測，這可能與薑黃素已知的抗炎和抗氧化特性有關。CISD2 在維持粒線體完整性以及調節細胞自噬和凋亡過程中，發揮重要作用。透過上調 CISD2 的表現，薑黃素可能有助於保護粒線體功能，並在細胞壓力情況下維持細胞的健康狀態。這一機制使得薑黃素成為一種具有多重生物活性潛力的化合物，不僅在抗老化方面具有效果，也可能在預防和治療相關疾病方面具有應用價值。

薑黃素增強 CISD2 表現的能力，在應對衰老及神經退化性疾病過程中，具有重要意義。研究顯示，隨著年齡增長，小鼠的大腦和脊髓中 CISD2 的表現水平逐漸下降，而這種下調被認為與神經退化性疾病的發展有關。因此，透過上調 CISD2 表現，薑黃素可能有助於抵抗這種與年齡相

關的下降,從而減緩神經退化性過程,對延緩神經系統退化以及維持神經功能,具有潛在的治療效果。

P26 成分的協同效應與交互作用及其對 CISD2 表現的影響

儘管橙皮素和薑黃素在 CISD2 表現的調節方面已有單獨研究,但這些化合物與 P26 其他成分的組合,可能會產生協同效應或複雜的交互作用,進一步影響 CISD2 的表現及其在細胞健康上的作用。P26 含有多種具有抗氧化、抗炎、支持粒線體功能和代謝調節等特性的成分,這些成分的協同作用和交互效果在維持細胞健康、減緩老化過程及防止年齡相關疾病方面,具有潛力。

首先,P26 中的抗氧化成分可能與橙皮素和薑黃素產生協同作用,進一步增強其對 CISD2 表現和細胞保護的效果。P26 含有多種已知具有強抗氧化特性的物質,包括維生素 C、葡萄籽萃取物、綠茶萃取物和硒。CISD2 在維持氧化還原穩態和抵禦氧化壓力中,發揮重要作用。這些抗氧化劑的組合可能為 CISD2 功能,創造更有利的細胞環境。例如,維生素 C 和葡萄籽萃取物能有效清除自由基,減少細胞內的氧化壓力,從而降低可能導致 CISD2 下調的細胞壓力,進而使 CISD2 的表現和功能更加穩定。此外,這些抗氧化劑可能還能透過保護粒線體免受氧化損傷,進一步維護 CISD2 的正常作用。

其次,P26 中的成分,如葡萄籽萃取物中的輔酶 Q10 和綠茶萃取物中的兒茶素,被證實有助於支持粒線體功能。CISD2 位於粒線體並在維持粒線體完整性中,扮演關鍵角色。這些成分可能透過促進粒線體健康,間接支持 CISD2 的功能和表現。將支持粒線體功能的成分與 CISD2 活化

劑，如橙皮素和薑黃素結合，有可能進一步增強粒線體功能和細胞能量生產。這種協同作用可能比單獨針對 CISD2 的方法更具效果。因此，這樣的組合可能在促進細胞健康、增強細胞耐受壓力，以及延緩老化過程等方面，表現出更強的功效。

P26 中的多種成分還具有抗炎特性，如薑黃素、綠茶萃取物和葡萄籽萃取物，與慢性發炎與老化密切相關，並且會導致保護性基因，如 CISD2 的下調。這些成分的聯合抗炎作用，可能有助於減少慢性發炎，創造更有利於 CISD2 表現和功能的細胞環境。此外，這些化合物調節發炎途徑的能力，可能增強橙皮素和薑黃素上調 CISD2 的效果。藉由減少細胞內的背景發炎，這些成分可能使 CISD2 的活化和穩定表現更加有效，進而提高細胞的抗炎和抗老化能力。

除了抗氧化和抗炎特性外，P26 中的營養素，如硒及維生素 A、C，也參與了各種代謝和營養感應途徑。CISD2 與代謝調節和能量穩態有關，這些營養素與 CISD2 活化劑的組合，可能帶來更全面的代謝益處。例如，硒參與了硒蛋白的合成，這些硒蛋白在氧化還原調節和代謝中，扮演重要角色。硒依賴的途徑與 CISD2 媒介的過程之間可能存在互動，這有可能增加整體細胞的韌性及其代謝效率，讓細胞在面對壓力時，更加穩定和有效。

表觀遺傳效應也是 P26 成分可能影響 CISD2 表現的一個途徑。P26 中的一些成分，如葡萄籽萃取物和綠茶中的多酚，被證明具有表觀遺傳效應，可以透過調節 DNA 甲基化和組蛋白修飾，來改變基因表現。儘管這些多酚與 CISD2 表觀遺傳調控之間的直接關聯尚未完全確立，但它們有可能影響支持 CISD2 表現的表觀遺傳環境。這些成分的表觀遺傳效應，加上橙皮素和薑黃素直接活化 CISD2 的作用，可能導致更持久的 CISD2 表現上調，從而帶來更長期的細胞健康和壽命的益處。

最後，P26 中的成分也能調節細胞壓力反應途徑。例如，薑黃素和綠

茶萃取物中的兒茶素，可以活化 Nrf2 路徑，這是一個已知的抗氧化和抗壓力途徑。其他多酚也能誘導熱休克蛋白，這些蛋白在維護細胞壓力應對能力中，發揮關鍵作用。CISD2 細胞壓力反應中扮演重要角色，尤其是在壓力條件下，維持粒線體的完整性。將這些能夠活化不同壓力反應途徑的成分，與橙皮素和薑黃素結合使用，可能會形成更強大和全面的細胞保護系統。這樣的協同作用可以增強細胞面對各種壓力的應對能力，從而潛在地減緩老化過程，並降低年齡相關疾病的風險。

第6章

E2F1 基因

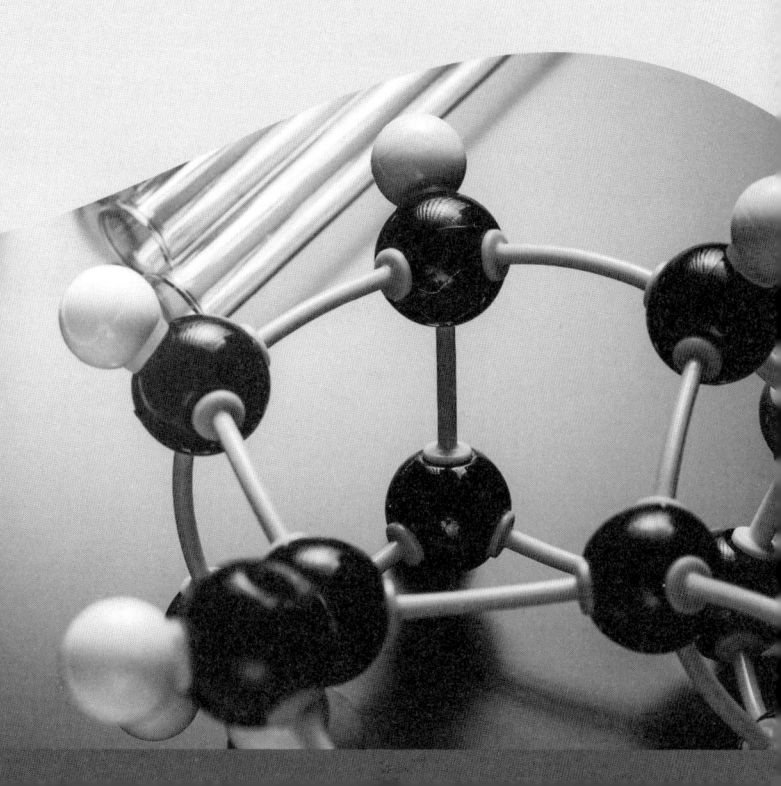

E2F1 基因在哪裡？

E2F1 基因位於人類第 20 號染色體的長臂（q 臂）11.22 位置，此精確定位不僅標示了 E2F1 在人類基因組中的具體坐標，還揭示了其功能與調控的關鍵訊息。20 號染色體是人類 23 對染色體中，屬於中等大小的染色體，約占人類基因組總 DNA 的 2～2.5%，包含大約 6000～8000 萬個鹼基對。

E2F1 基因位於的 20q11.22 區域，在細胞遺傳學上具有高度重要性。這個位置指向長臂的第一區域（11）、第二帶（2）、第二個小帶（2）。這樣精細的定位能幫助研究人員在顯微鏡下識別該基因，並研究可能影響其功能的染色體變異。

染色體位置在進化研究中具有重要意義

E2F1 基因的染色體位置對其功能與基因表現調控，有顯著影響。這是因為位於相鄰區域的基因可能會共享共同的調控元件，導致它們表現模式的相似性。此外，染色體結構的因素，如組蛋白修飾和染色質的開放狀態或緊縮狀態，對 E2F1 基因的可及性和表現水平，也會產生重大影響。

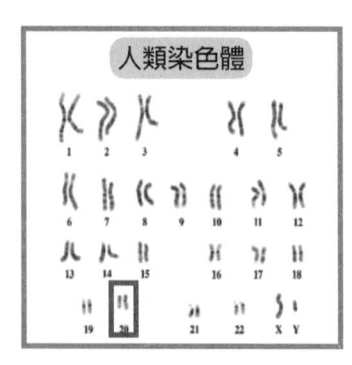

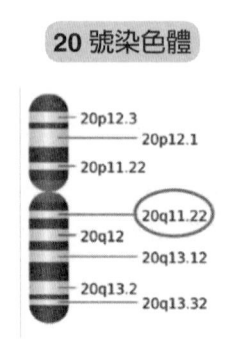

▲ E2F1 的基因座。

在疾病研究中，E2F1 所在的 20q11.22 區域，尤其值得關注。這個區域的染色體異常，例如基因的缺失（deletion）、重複（duplication）或易位（translocation），可能導致 E2F1 功能的改變，進而與多種疾病的發展相關聯。研究已顯示，該區域基因的異常擴增，與某些類型癌症的發病率增高有直接聯繫，顯示在腫瘤形成和惡化過程中的重要性，這種異常的影響可能不限於癌症，也涉及其它與基因表現調控失常相關的疾病。

　　E2F1 的染色體位置在進化研究中，亦具有重要意義。不同物種的 E2F1 基因定位比較，能夠揭示其在進化歷程中的保守性與變異性，進而幫助研究人員推測基因功能的演化過程。這樣的比較，能夠提供 E2F1 在不同物種中功能多樣化的線索，顯示它如何適應各種生物需求，並在基因調控和細胞週期控制中，發揮關鍵角色。

基因組的背景

　　E2F1 基因所處的基因組環境，對其功能和調控具有深遠影響。該基因位於人類 20 號染色體，與多個具有關鍵生物功能的基因緊密相鄰，這種基因組位置的特性，決定了其表現和調控的複雜性。在 E2F1 基因的上游位置，即靠近著絲粒（centromere）的方向，存在 PXMP4 基因。PXMP4 編碼一種過氧化物酶體膜蛋白（peroxisomal membrane proteins），該蛋白在細胞內的脂質代謝及氧化還原反應中發揮作用。

　　E2F1 基因的下游是 PDRG1 基因，這個基因編碼的蛋白質與 p53 和 DNA 損傷反應有關，參與細胞週期調控和 DNA 修復。由於 E2F1 在細胞週期進程中展現調節作用，與 PDRG1 的鄰近關係可能暗示了它們在基因

表現和細胞功能上的潛在協作。例如，這種空間上的排列，或許反映了它們在細胞應對 DNA 損傷和調節細胞增殖中的功能聯繫。E2F1 基因跨越了約 11,404 個核苷酸，由七個外顯子和數個內含子組成，其編碼序列在轉錄後被保留下來，並轉譯成 E2F1 蛋白。這種結構有助於基因功能的多樣化調控。

基因組背景對 E2F1 表現和功能的影響，不僅體現在基因鄰近性上，還涉及染色質結構和長程調控元素。開放的染色質環境能夠促進轉錄因子的結合，並活化 E2F1 的轉錄，而較緊密的染色質則會抑制其表現。此外，基因組重排如涉及 20q11.22 區域的染色體異常，可能對 E2F1 及其鄰近基因的表現造成影響，這種異常常見於某些癌症和其他疾病中。長程調控元件雖然可能位於基因距離較遠的位置，但透過染色質的三維結構能與 E2F1 接觸，影響其轉錄活動。

進化上的保守性，是了解 E2F1 及其基因組環境的重要一環。E2F1 在不同物種中的位置和結構保持了高度的保守性，顯示其在細胞週期和基因組穩定性維護中的重要性。了解 E2F1 所處的基因組背景，尤其是與其相鄰的基因和調控元件的相互作用，不僅有助於解釋其在正常細胞中的調控機制，還能提供對疾病中基因異常表現的洞察，為診斷和治療策略提供新的研究方向。

基因結構

E2F1 基因結構的複雜性，體現了其作為關鍵轉錄因子的多層次調控功能。該基因位於 20 號染色體上，具有多個重要結構元件來支持其在細胞中的調控角色。啓動子區域位於轉錄起始位點的上游，包含多個轉錄因子結合位點，對 E2F1 的表現調控至關重要。其中，TATA 盒是 RNA 聚合

酶 II 結合的重要位點，位於轉錄起始位點上游約 25～30 個鹼基對處；GC 盒是另一個關鍵結合位點，富含 G 和 C 序列，是 Sp1 等轉錄因子的結合點。E2F1 還擁有 E2F 自身結合位點，使其能夠自我調節。

　　5' 非轉譯區（5' untranslated region, 5' UTR）位於起始密碼子之前，是影響 mRNA 穩定性和轉譯效率的關鍵區域。E2F1 的 5' UTR 相對較短，約 100～200 個核苷酸長，包含一些重要結構如鐵響應元件（iron-responsive element, IRE）和內部核糖體進入位點（IRES），這些結構對 mRNA 的穩定性及轉譯過程具有調控作用。E2F1 的編碼序列由七個外顯子組成，共同編碼出 437 個胺基酸的蛋白。外顯子 1 負責 N 端轉錄活化域的編碼，外顯子 2 和 3 編碼 DNA 結合域，這部分在 E2F1 識別並結合目標基因時，尤為重要；外顯子 4 和 5 負責二聚化域的編碼，使 E2F1 與 DP 蛋白形成異二聚體，從而增強其活性；外顯子 6 和 7 則負責 C 端與 Rb 蛋白結合的「口袋域」（pocket domain），此結構在細胞週期調控中具有重要意義。

　　內含子也是 E2F1 基因結構的重要組成部分。E2F1 基因包含六個內含子，在 mRNA 加工過程中會被剪接出去。儘管內含子不直接編碼蛋白質，但一些內含子包含增強子或抑制子序列，對基因的轉錄調控有重要影響。

　　E2F1 基因的 3' 非轉譯區（3' untranslated region, 3'UTR）在終止密碼子（stop codon）之後，是影響 mRNA 穩定性和定位的重要元素。這一區域長度約 1～2kb，包含多個 miRNA 結合位點，參與轉錄後的調控。此外，該區域還擁有 AU 富集元件（AU-rich element, ARE），對 mRNA 的半衰期具有顯著影響。

演化保守性

E2F1 基因在進化過程中保持高度保守，顯示出其在細胞生物學中的核心重要性。從單細胞真核生物到多細胞生物，E2F1 及其家族成員在細胞週期調控、DNA 複製，以及細胞凋亡等重要過程中，發揮著關鍵作用。例如，在酵母中雖然沒有直接的 E2F1 同源物，但具有類似功能的轉錄因子（如 Swi4/Swi6 複合物）參與細胞週期調控。

E2F1 基因的序列在哺乳動物中表現出高度保守性，例如人類和小鼠 E2F1 基因的序列同一性高達約 89%。特別是 DNA 結合域和 Rb 結合域在不同物種中，尤為保守。這些區域在基因功能中至關重要。E2F1 蛋白的關鍵功能域也保持著顯著的保守性，這些功能域包括負責識別和結合目標基因的 DNA 結合域，允許與 DP 蛋白形成異二聚體的二聚化域，促進目標基因表現的轉錄活化域以及與視網膜母細胞瘤蛋白（retinoblastoma protein, Rb）結合的 C 端結構域。

E2F1 的調控機制在多個物種中高度一致，反映了其在細胞生長和分裂中的穩定功能。其表現受細胞週期依賴性磷酸化調控，這由 CDK 激酶媒介；同時 Rb 蛋白在 G1 期結合並抑制 E2F1，阻止其啟動下游基因的表現。此外，E2F1 的自我調控特性在調控中形成正反饋迴路。這種機制在不同物種中被保留下來，顯示其在調控基因表現中的普遍重要性。

E2F1 在基因組結構和調控網絡中，也顯示出保守特性。雖然物種間基因組結構存在差異，但 E2F1 在某些近緣物種中的相對基因組位置保持一致，例如在靈長類和囓齒類中參與的 Rb-E2F 調控路徑，在從果蠅到人類等多種生物中，都有出現，說明了在細胞週期調控中的核心地位。E2F1 與 cyclin-CDK 複合物的交互作用，也是進化上高度保守的特徵，進一步證明其在細胞分裂和生長中的穩定功能。

E2F1 基因的高度進化保守性，不僅顯示出其在細胞生物學中的核心地位，也成為跨物種研究的寶貴參考。這種保守性，為科學家在模式生物如小鼠或斑馬魚中進行 E2F1 相關研究，提供了基礎。這些研究結果，有助於促進對人類疾病如癌症中，對 E2F1 功能的了解。

E2F1 基因的作用

E2F1 在細胞週期調控中，是不可或缺的轉錄因子，尤其在 G1 到 S 期的過渡中，發揮了關鍵作用。E2F1 透過活化多種與 DNA 複製和細胞週期進程相關的基因，促進細胞進入 S 期。這些基因包括 DNA 聚合酶（DNA polymerase）、胸苷激酶（thymidine kinase）、細胞週期蛋白 E（cyclin E）、增殖細胞核抗原（proliferating cell nuclear antigen, PCNA），以及 MCM 蛋白等。這些成分對於複製起始和延續至關重要。E2F1 對這些基因的調控確保細胞能夠準備充足，以便進行 DNA 合成和順利進入 S 期，協調整個細胞週期能精確進行。

細胞週期調控中的作用

E2F1 與視網膜母細胞瘤蛋白（Rb）的交互，是在細胞週期調控中作用的核心之一。在 G0 和早期 G1 期，Rb 處於低磷酸化狀態並結合 E2F1，抑制其活性，從而限制基因啟動。隨著 G1 期的進展，CDK4/6-Cyclin D 複合物逐步磷酸化 Rb，當 G1/S 過渡時，Rb 被充分磷酸化後，E2F1 得以釋放，活化目標基因的轉錄。這個過程將 E2F1 的活性與細胞週期緊密同步，確保細胞不會過早進入 S 期，維持細胞週期的正常節奏。

除了促進細胞週期進程外，E2F1 在細胞檢查點調控和 DNA 損傷反應中，也發揮重要作用。當 DNA 發生損傷時，E2F1 能夠啟動 BRCA1、RAD51 和 CHK1 等 DNA 修復基因的表現，幫助細胞修復損傷並維持基因組穩定性。在這一過程中，ATM 和 ATR 激酶被 DNA 損傷活化後，磷酸化並穩定 E2F1，增強其轉錄活性。

此外，E2F1 透過活化 p21 等細胞週期抑制因子，協助細胞阻滯於

G1/S 期，以防止損傷未修復的 DNA 進入 S 期複製。這樣的機制確保了細胞在 DNA 損傷未完全修復時，不會輕易進入複製階段，減少基因組不穩定性帶來的風險，**對於癌症的預防具有重要意義。**

E2F1 也參與了細胞從靜止狀態（G0）進入細胞週期的再活化過程，以及細胞週期退出的調控。生長因子能透過 Ras-MAPK 訊息路徑活化 E2F1，幫助細胞從 G0 重新進入細胞週期。而在特定情況下，E2F1 可以促進 p27 等細胞週期抑制因子的表現，推動細胞退出細胞週期並進入靜止狀態。與其他 E2F 家族成員（如 E2F2、E2F3）的協同作用，進一步加強了其調控的多樣性。

凋亡調控

E2F1 在細胞凋亡調控中發揮著多重且**關鍵**的作用，這與其促進細胞週期進程的功能形成鮮明對比。E2F1 的促凋亡功能被認為是腫瘤抑制的重要機制之一，**有助於防止細胞異常增殖和腫瘤的形成。**E2F1 與 p53 路徑的交互，在其促凋亡功能中具有核心作用。

具體來說，E2F1 可以直接活化 p14ARF（在小鼠中為 p19ARF），該蛋白透過抑制 MDM2 來穩定 p53，從而增加 p53 的水平。這種增加的 p53 進一步活化多個促凋亡基因，如 BAX、PUMA 和 NOXA 等，加強細胞的凋亡反應。

除了透過 p53 路徑發揮作用，E2F1 還能直接啟動一系列與凋亡相關的基因，這使其在不依賴 p53 的情況下，也能有效誘導凋亡。例如，E2F1 能夠啟動 APAF1 基因的表現，該基因在凋亡體形成和 caspase-9 活

化中有關鍵作用。E2F1 還能增強半胱天冬酶（如 caspase-3 和 caspase-7）的表現，這些酶是細胞凋亡的主要執行者。此外，E2F1 調控的 BH3-only 蛋白（如 PUMA、NOXA 和 BIM）能夠活化 BAX 和 BAK，導致粒線體外膜通透性增加，啟動內源性凋亡路徑。

在 DNA 損傷反應中，E2F1 的穩定性和活性顯著提高，這使其成為 DNA 損傷和凋亡之間的關鍵聯繫。當細胞遭受 DNA 損傷時，ATM 和 ATR 激酶被活化並磷酸化 E2F1，增強其穩定性與轉錄活性。Chk2 激酶也能磷酸化 E2F1，進一步增強其促凋亡功能。

E2F1 可以根據 DNA 損傷的嚴重程度來調節細胞的反應，活化修復機制或促進細胞凋亡，這確保了無法修復的細胞能夠被清除，避免基因組的不穩定性。這種雙重角色使 E2F1 在 DNA 損傷反應和維持基因組完整性方面，成為重要調控者。

E2F1 在細胞週期進程和凋亡之間的功能平衡中，發揮至關重要的作用。其誘導增殖和凋亡的雙重功能需要細緻的調控，才能維持細胞生理的穩定。E2F1 的表現水平和細胞環境，共同決定其功能取向：低水平表現時，E2F1 傾向於促進細胞增殖；而高水平表現時，則可能活化促凋亡路徑。**轉錄後修飾**如磷酸化和乙醯化，也會影響 E2F1 的活性，決定其作用於不同基因群。

除了作為轉錄因子的功能外，E2F1 還能透過與促凋亡蛋白的直接結合來增強其凋亡效應，或在特殊情況下轉移至粒線體，促進粒線體媒介的凋亡訊號。

分化與發育

E2F1 在細胞分化和發育中，扮演著多重且不可或缺的角色，其功能

不僅限於細胞週期和凋亡的調控，還深入參與了各種組織的分化和器官的發育。首先，**E2F1 對於幹細胞的維持至關重要**。在造血幹細胞中，E2F1 調控它們的靜止和自我更新狀態，這可能是透過影響細胞週期抑制因子，如 p21 和 p27 的表現來達成。在神經幹細胞中，E2F1 不僅支持細胞的增殖，還調節其分化時機，使其在需要時能夠啟動分化過程。同樣，在表皮幹細胞中，E2F1 調節自我更新和分化之間的平衡，這對於保持皮膚的持續再生和維持健康狀態來說，非常重要。

在神經系統發育中，E2F1 的作用十分多面。它能促進神經前驅細胞的增殖，有助於擴大神經元前體細胞的池，以供應發育過程中的需要。當神經元開始分化時，E2F1 的下調是這一過程的標誌，這樣的調控確保了細胞能夠適時轉變為成熟神經元。E2F1 也可能參與特定神經元亞型的分化，這需要透過調控專門的轉錄因子來實現。此外，研究顯示，E2F1 可能參與神經元軸突的生長和導向過程，這對於構建正確的神經網絡和訊息傳導來說，至關重要。

E2F1 在肌肉發育和再生中，同樣具有不可忽視的作用。E2F1 促進肌肉前驅細胞的增殖，**這對於肌肉生長和受傷後的修復十分重要**。在肌細胞分化過程中，E2F1 活性的下調是肌細胞融合形成肌管的必要條件之一，這種調控有助於肌肉組織的成熟發育。

在造血系統中，E2F1 調控不同血液細胞的分化，如淋巴細胞和紅細胞的發育，並影響 T 細胞和 B 細胞的成熟過程。E2F1 在肝臟發育與再生中也發揮重要作用，參與肝細胞的增殖和代謝基因的調控。在皮膚組織中，E2F1 促進角質形成細胞的增殖和分層，並參與毛囊生長週期的調節。

代謝調控

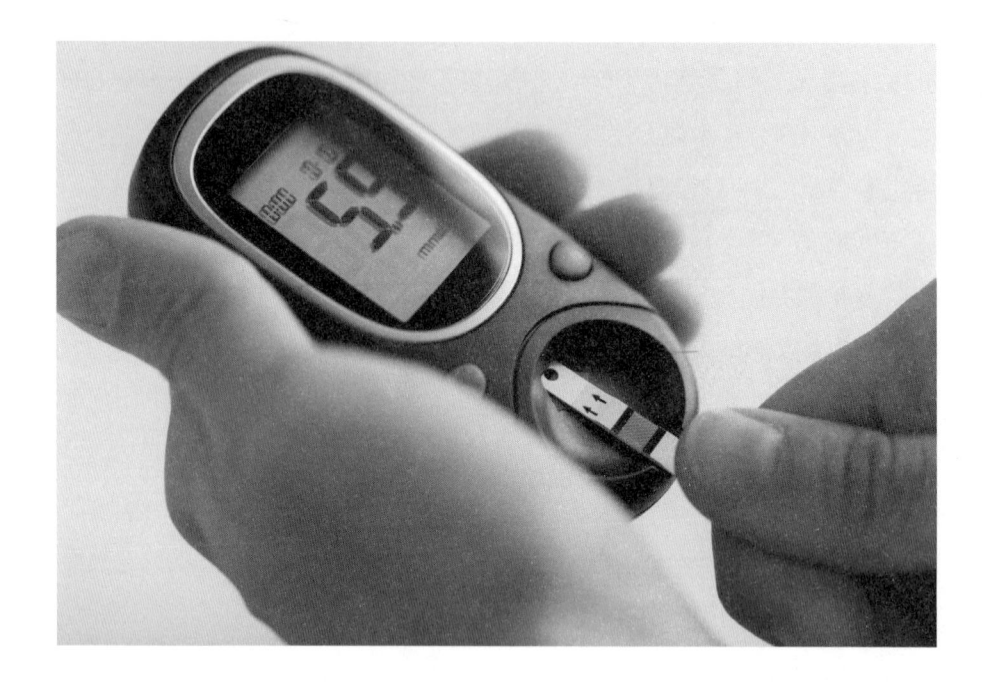

　　E2F1 調控多條代謝途徑，影響細胞的能量生產、生物合成和代謝適應。首先，在葡萄糖代謝中，E2F1 發揮了重要作用。它能活化多個糖酵解酶的基因表現，如己糖激酶 2（HK2）和丙酮酸激酶 M2（PKM2），推動細胞糖酵解過程。此外，E2F1 調控葡萄糖轉運蛋白 GLUT1 和 GLUT4 的表現，直接影響細胞對葡萄糖的攝取。

　　在肝臟中，E2F1 參與糖質新生過程的調節，幫助維持血糖穩定。這表明 E2F1 在將細胞增殖與能量代謝緊密連接中，扮演了關鍵角色。其作用不僅限於碳水化合物代謝，還延伸至脂質代謝。

　　E2F1 的作用擴展至粒線體功能，顯示出其在能量代謝中的重要地位。E2F1 能夠活化粒線體轉錄因子 A（TFAM）的表現，促進粒線體

DNA 的複製和轉錄，從而支持粒線體生物生成。此外，E2F1 調節電子傳遞鏈複合物中的一些組分，進而影響氧化磷酸化，決定細胞的能量產生效率。E2F1 還參與調控粒線體的動力學，包括粒線體的融合和分裂，這對於維持粒線體網絡的功能動態，和細胞對能量需求的適應來說很重要。

這種對粒線體功能的調控，表明 E2F1 在細胞能量供應和代謝平衡中，發揮著不可或缺的調節作用。除了能量代謝，E2F1 還參與胺基酸代謝的調控，特別是在快速增殖的細胞中，調控麩醯胺酸酶的表現來影響麩醯胺酸的利用。E2F1 參與一碳代謝的調控，影響核苷酸和某些胺基酸的合成，並在 DNA 合成的限速步驟中，活化核糖核苷酸還原酶的表現，從而促進細胞週期所需的核苷酸代謝。

E2F1 在代謝適應方面同樣扮演了至關重要的角色，幫助細胞應對不同的代謝環境和壓力條件。E2F1 的活性會根據細胞的營養狀態和外部環境壓力進行調控，這些調控透過 AMPK 和 mTOR 訊息路徑等機制實現。

E2F1 在腫瘤細胞中的代謝重編程中尤為重要，它幫助細胞調整代謝途徑以支持快速生長，例如促進華伯格效應，這是一種腫瘤細胞在有氧環境下偏向糖酵解的代謝現象。

E2F1 在多種病理條件下的代謝調控功能變得更加顯著，尤其是在癌症、糖尿病和心血管疾病中。在腫瘤細胞中，E2F1 誘導代謝重編程，支持腫瘤快速增殖和生存；在糖尿病中，E2F1 被認為參與了胰島素抵抗和 β 細胞功能障礙，這對疾病的發展有直接影響。

心血管疾病方面，E2F1 調控脂質代謝和影響動脈粥狀硬化進程的研究顯示出，其在心血管健康中的潛在影響力。了解 E2F1 的這些作用，對於揭示細胞生物學的複雜網絡以及疾病發展的機制至關重要，為開發針對代謝相關疾病的創新治療策略，提供了新的研究方向和潛在靶點。

如何調控 E2F1 基因？

　　E2F1 基因表現的轉錄調控是一個涉及多種轉錄因子和機制的精密過程。E2F1 啓動子含有多個 E2F 結合位點，使 E2F1 蛋白能與自身啓動子結合並影響轉錄。這種自我調控有一些顯著特點，例如形成正反饋迴路：當 E2F1 蛋白水平提高時，它促進自身基因的表現，加強轉錄活性。這種現象可能產生一種閾值效應，只有當 E2F1 水平達到特定門檻時，才會顯著提升轉錄。這種調控在細胞週期 G1/S 轉換期特別顯著，並且 E2F 家族中的其他成員也可能參與，形成複雜的調控網絡。

轉錄調控

　　視網膜母細胞瘤蛋白（Rb）是 E2F1 轉錄的主要抑制因子。Rb 透過直接結合 E2F1 的轉錄活化域來抑制其活性，防止其與轉錄機械相互作用。Rb 也可招募組蛋白去乙醯化酶（HDACs）至 E2F1 啓動子，壓縮染色質並抑制轉錄。此抑制作用隨著細胞週期中 Rb 的磷酸化狀態而變化：Rb 在 G1 期逐漸磷酸化，減弱其抑制作用並釋放 E2F1。Rb 還能與其他輔助抑制因子，如 CtBP 和 HDAC1 協同，增強對 E2F1 的抑制作用。

　　此外，轉錄因子 Sp1 可結合 E2F1 啓動子中的 GC 富集區域，來活化轉錄。Sp1 可以與其他轉錄因子協同，增加轉錄活化並透過招募組蛋白乙醯化酶，促進染色質的開放狀態。Sp1 活性受細胞週期調控，其活性和表現水平可隨細胞週期變化，並受多種訊息路徑，如 MAPK 和 PI3K/AKT 的調控，將這些外部訊息整合到 E2F1 轉錄中。

　　GA 結合蛋白（GABP）也是 E2F1 啓動子的調控因子之一，特別是在細胞週期 G1/S 過渡期發揮作用。GABP 能與 E2F1 啓動子結合，促進

轉錄活化並可與 E2F1 本身形成協同效應來加強表現。GABP 可能招募染色質重塑複合物，進一步促進 E2F1 啓動子區域的開放，並將其他訊息路徑如細胞生長因子的訊息整合進 E2F1 的調控中。同時，核因子 Y（NF-Y）複合體結合 E2F1 啓動子的 CCAAT 框，參與其轉錄調控。NF-Y 的主要功能包括招募 RNA 聚合酶 II 和其他基礎轉錄因子，並與 E2F1、Sp1 等其他轉錄因子共同作用，以提升轉錄效率。NF-Y 也可能透過調控局部染色質結構促進轉錄活化，其活性亦會隨細胞週期變化而改變。

此外，表觀遺傳修飾在 E2F1 轉錄調控中扮演關鍵角色。E2F1 啓動子區域的 DNA 甲基化狀態會影響其活性，CpG 島的甲基化會抑制轉錄，而 H3K4me3 等組蛋白修飾標記則與轉錄活化相關。染色質重塑複合物，如 SWI/SNF，也參與調控 E2F1 的啓動子可及性。

某些長非編碼 RNA 可能在順式或反式調控中發揮作用，透過影響染色質狀態或招募調控蛋白到 E2F1 啓動子。遠端增強子與啓動子的互動，透過染色質環化機制，對 E2F1 轉錄具有深遠影響。E2F1 的核心啓動子元件（如 TATA 框、Inr 元件等）的組成和強度，也對基礎轉錄活性有至關重要的影響。

轉錄後調控

E2F1 的轉錄後調控涉及多層次且高度複雜的機制，包括 mRNA 穩定性、選擇式剪接、轉譯調控和亞細胞定位等多方面。首先，E2F1 mRNA 的穩定性受多種因素調控。RNA 結合蛋白，如 HuR，可穩定 E2F1 mRNA；該蛋白與 AU 富集元件結合，其表現和定位隨細胞週期和壓力訊

息變化而調整。相反，AUF1 和 TTP 等蛋白，可促進 E2F1 mRNA 的降解。microRNA 也在 E2F1 mRNA 穩定性調控中有重要作用，例如 miR-17-5p、miR-20a 和 miR-149 等靶向 E2F1 mRNA 的 3' UTR，減少其穩定性或抑制轉譯。

E2F1 基因能進行選擇式剪接，形成不同功能和穩定性的異構體。外顯子的選擇式跳躍或不同剪接位點的使用可改變蛋白質的功能域組成，甚至導致內含子保留並產生提前終止的 mRNA。這些異構體的生成由如 SR 蛋白和 hnRNP 等剪接調控因子協調，並可能隨細胞週期而變化，影響 E2F1 的功能表現。

在轉譯層面，E2F1 mRNA 的轉譯受到多種調控機制的影響。5' UTR 是其中重要的調控區域，La 蛋白結合於此區域可增強 E2F1 mRNA 的轉譯，而 IRES 元件則允許帽子非依賴性的轉譯，特別是在特定生理或壓力條件下。上游開放閱讀框（uORF）也會影響主 ORF 的轉譯效率。3' UTR 含有 miRNA 結合位點和 RBP 結合位點，這些結構不僅影響 mRNA 的穩定性，也直接調控轉譯過程。

E2F1 mRNA 的亞細胞定位，也會影響其轉譯和功能。研究顯示，E2F1 mRNA 可能優先定位於核周區域，影響新生蛋白的核轉運和功能。在細胞壓力條件下，E2F1 mRNA 可能被招募至壓力顆粒或 P-bodies，影響其穩定性和轉譯。

E2F1 mRNA 也可能與粒線體相關核糖體結合，這可能與其在粒線體功能中的角色相關。少量 E2F1 mRNA 在核內的轉譯，可能產生具有特定功能的亞型。此外，RNA 螺旋酶如 DDX5 和 DDX17，可能參與 E2F1 mRNA 的代謝調控，而長非編碼 RNA 可能透過配對影響其穩定性或轉譯。

這些轉錄後調控機制，共同確保了 E2F1 mRNA 在不同環境和細胞訊息條件下的精確調控，使其蛋白表現在時間和空間上達到最佳水平。

轉譯後修飾

E2F1 蛋白經歷多種轉譯後修飾，這些修飾在調控其穩定性、定位、活性和功能上，發揮著至關重要的作用。首先，E2F1 的磷酸化在不同細胞條件下調節其功能。Cyclin A-CDK2 在 S 期磷酸化 E2F1 的 Ser375 和 Ser364，促進 E2F1 與 DNA 分離，隨後被降解以推進 S 期進程。此過程隨 G1/S 轉換期活性增加。此外，在 DNA 損傷反應中，ATM 激酶磷酸化 E2F1 的 Ser31，而 Chk2 激酶則磷酸化 Ser364，以增強其穩定性並促進促凋亡功能。CK2、p38 MAPK 和 GSK3β 等激酶也參與不同位點的磷酸化，影響 E2F1 的穩定性和轉錄活性。

泛素化是調控 E2F1 蛋白水平的重要過程，主要透過蛋白酶體途徑進行降解。SCF^Skp2 複合物識別並泛素化磷酸化的 E2F1，特別在 S 期增加以控制其降解。APC/C^Cdh1 複合物在 G1 期負責 E2F1 的泛素化，維持其低水平，抑制過早的細胞週期進展。

這些多樣的轉譯後修飾，形成了精密的調控網絡，使 E2F1 能夠快速響應不同的細胞訊息和環境變化，調整其功能和活性。這些修飾不僅調節 E2F1 的穩定性和轉錄活性，還影響其與其他蛋白的相互作用、DNA 結合能力以及亞細胞定位。這些多層次的調控確保 E2F1 在細胞週期、DNA 損傷反應、凋亡和分化等生物學過程中的功能精確執行。

蛋白質─蛋白質的相互作用

E2F1 透過與多種蛋白質的相互作用，來調控其功能並影響細胞內訊息路徑。這些相互作用在調節 E2F1 活性和功能中，扮演著重要角色。首先，E2F1 通常與 DP 蛋白（DP1 或 DP2）形成異二聚體，這對其 DNA 結

合及轉錄活性至關重要。此二聚體結構由保守的二聚化域和 DNA 結合域構成，增強了 E2F1 的 DNA 結合能力及穩定性。DP 蛋白的不同變體會改變 E2F1 的功能特異性，影響其轉錄共活化因子的招募以及其在細胞週期中作用。

E2F1 與視網膜母細胞瘤蛋白（Rb），和其相關蛋白 p107、p130 的結合，是抑制其活性的核心機制。這些口袋蛋白透過其 A/B 結構域與 E2F1 的轉錄活化域結合，阻止其與其他轉錄元件的相互作用。這種結合還能招募組蛋白去乙醯化酶（HDAC）和染色質重塑因子，壓縮染色質並抑制轉錄。

細胞週期蛋白 A（cyclin A）與 E2F1 的互動，是細胞進入 S 期的調控機制之一。週期蛋白 A-CDK2 複合物與 E2F1 的 N 端特定位點結合，促使 CDK2 磷酸化 E2F1，導致其從 DNA 上解離，轉錄活性減弱，並加速其泛素化和降解。這種調控有助於在 S 期適時抑制 E2F1 活性，確保細胞週期的順利進行。此外，組蛋白去乙醯化酶 1（HDAC1）透過直接或間接與 E2F1 結合，來參與轉錄抑制。HDAC1 能去乙醯化組蛋白和 E2F1，導致染色質壓縮，進而抑制基因表現。

E2F1 與腫瘤抑制因子 p53 的關係，在細胞命運決定中尤為關鍵。兩者之間的交互可能直接或透過共同靶標或調控因子間接發生。在某些情況下，E2F1 和 p53 協同活化促凋亡基因的表現，從而促進細胞凋亡。此外，E2F1 能上調 p14ARF、穩定 p53，而 p53 也可影響 E2F1 的表現，形成相互調控的網絡。

E2F1 還與其他蛋白如增殖細胞核抗原（PCNA）發生相互作用，參與 DNA 修復。此外，E3 泛素連接酶 MDM2 可能影響 E2F1 的穩定性，促使其降解。p14ARF 也可結合 E2F1，調控其轉錄活性和穩定性。

這些蛋白相互作用構成了 E2F1 在細胞內的一個複雜調控網絡，使

其能夠響應來自細胞週期、DNA 損傷反應、代謝狀態等的訊息。這些交互不僅增強了 E2F1 的轉錄因子功能，還擴展了其在細胞過程中的參與範圍。了解這些相互作用，為深入研究 E2F1 調控機制提供了基礎，並為針對 E2F1 相關疾病的治療開發提供了新視角，靶向這些特定蛋白-蛋白相互作用，有望精確調控 E2F1 的功能，而不會完全抑制其活性，這在癌症治療中具有潛在應用價值。

維生素 U 是什麼？

維生素 U，學名「S-甲基甲硫胺酸」（S-methylmethionine, SMM），是一種獨特的化合物。維生素 U 雖非真正意義上的維生素，但因其潛在的健康益處而受到關注，**尤其在腸胃健康方面，因對潰瘍治療的可能作用而受到重視**。研究指出，維生素 U 對人體多種器官具有良好的影響，是現代人維持健康一項重要元素。

化學結構和特性

化學上，維生素 U 的分子式為 $C_6H_{14}C_1NO_2S$，分子量約為 199.7 g/mol。這樣的分子量使其易於在生物系統中被吸收和運輸。維生素 U 的結構來自胺基酸－甲硫胺酸，但具有一個獨特的硫鎓基團（S^+），使其具備一些特殊性，該結構使維生素 U 成為潛在的甲基供體，在多種生物化學反應中發揮重要作用。

在植物中，維生素 U 通常是由酶催化的反應生成的。關鍵酶是甲硫胺酸 S-甲基轉移酶，它將 S-腺苷甲硫胺酸（SAM）作為甲基供體，將甲基轉移到甲硫胺酸上，形成 S-甲基甲硫胺酸。這一反應展示了其作為甲基供體的功能，這對於參與甲基化反應和一碳代謝途徑具有重要意義。

在光譜學上，維生素 U 具有紫外光吸收特徵，NMR 技術能夠清晰顯示其分子特徵，尤其是硫鎓甲基的訊息。這使科學家能夠更好地分析其結構和行為。生物可用性方面，維生素 U 的極性和水溶性使其易於在腸道中吸收，且其小分子量允許一定程度的細胞膜通透。

天然來源

　　維生素 U 在自然界中廣泛存在，在植物中尤為豐富。深入了解其天然來源，有助於解釋其在生態系統中的角色，並為膳食補充和潛在的醫療應用提供基礎。首先，十字花科蔬菜是維生素 U 的主要來源之一，高麗菜是最典型的代表。各種高麗菜，如綠色、紫色和捲心菜等，其維生素 U 含量可能因品種而略有不同。其他常見的十字花科蔬菜，如青花菜、孢子甘藍、羽衣甘藍、花椰菜（白色和綠色品種）及**蘿蔔**（白蘿蔔和紅蘿蔔），也富含維生素 U。這些蔬菜的含量會受到生長條件、收穫時機及儲存方式的影響，而新鮮和生食狀態下含量最高。

蔥屬植物也是維生素 U 的重要來源，包括洋蔥、大蒜、韭菜、蔥及韭黃。這些蔬菜除了提供特有的風味外，還是維生素 U 的優質來源。洋蔥（紅色、白色、黃色各類型）和大蒜尤其富含此成分，並且韭菜和韭黃在亞洲料理中廣泛使用，也為膳食提供維生素 U。綠葉蔬菜中，如芹菜、菠菜、蘆筍和生菜，也含有維生素 U。

　　維生素 U 在某些水果中雖然含量相對較低，但仍然是有益的來源。例如，香蕉在未完全成熟時，維生素 U 含量較高；蘋果的果皮中也含有此成分；柑橘類水果如橙子和檸檬，以及番茄（儘管通常被視為蔬菜），也提供少量維生素 U。芽菜類如苜蓿芽、綠豆芽和蘿蔔芽，是維生素 U 的另一類豐富來源，這些芽菜在健康飲食中常被推薦。

　　影響維生素 U 含量的因素，包括生長環境（如土壤條件和氣候）和種植方法。植物在特定生長階段中，其維生素 U 含量可能達到峰值，而適當的收穫和儲存方式可保持其含量。烹調方式對於維生素 U 含量也有顯著影響，過度加熱或加工會導致含量下降，因此**輕度烹調或生食是保持維生素 U 的有效方法**。為了充分攝取維生素 U，建議多樣化飲食，選擇不同的蔬菜和水果來源，並盡可能選擇新鮮食材。

歷史發現及命名

　　維生素 U 的發現和命名是一段充滿科學探索精神的故事，反映了 20 世紀中期營養學和醫學研究的進展。1940 年代後期，消化性潰瘍是普遍且難治的健康問題，科學家和醫學界積極尋求新的治療方法，包括探索食物中的潛在療效。1949 年，史丹福大學的錢尼（Garnett Cheney）博士開始研究高麗菜汁對潰瘍的效果，這一選擇受到民間療法啟發及初步觀察的驗證，認為某些蔬菜可能緩解胃部不適。

錢尼博士進行了一系列試驗，每天給予患者大量的新鮮高麗菜汁，結果顯示大部分患者的症狀顯著改善，潰瘍癒合速度超過預期。這一發現促使錢尼博士在 1950 年發表論文，首次提出維生素 U 的概念，U 代表「anti-ulcer factor」（抗潰瘍因子）或「ulcer」（潰瘍）。錢尼博士推測高麗菜汁中存在一種未知成分，能夠顯著促進潰瘍癒合。然而，這一發現也引發了一些質疑。一些研究者認為，其效果可能是多種成分的綜合作用，而非單一物質所致。此外，將其稱為「維生素」也受到批評，因不符合傳統維生素的嚴格定義。

在後續幾年的研究中，科學家試圖分離和鑑定高麗菜汁中的活性成分。1952 年，S- 甲基甲硫胺酸（SMM）被確定為主要的活性物質，這就是所謂的「維生素 U」。

生物功能及潛在健康益處

研究指出，維生素 U 可能透過促進胃黏膜修復和保護來加速潰瘍癒合。早期臨床試驗顯示，患者在飲用富含維生素 U 的高麗菜汁後，潰瘍症狀迅速改善。然而，大部分這類研究集中於 20 世紀中期，現代研究仍須進一步驗證這些結果。維生素 U 的抗發炎特性，也被認為有助於減少胃黏膜發炎並預防胃炎，同時可能透過增強食道括約肌功能或中和胃酸，來緩解胃酸逆流的症狀。

維生素 U 在肝臟健康方面也顯示出潛力，其抗氧化特性能保護肝細胞免受氧化損傷。研究指出，維生素 U 或有助於減少肝臟脂肪積累，對於非酒精性脂肪肝（nonalcoholic fatty liver disease, NAFLD）可能具有潛在益處。此外，它可能有助於降低肝酶水平，這是一個肝功能健康的重要指標。維生素 U 的抗氧化作用還可能帶來其他健康益處，例如中和自由

基、減少氧化壓力,從而保護細胞和組織並降低慢性疾病的風險。同時,**維生素 U 在內外傷口的癒合中也顯示出潛力,可能促進細胞再生和減少發炎以加速修復。**

維生素 U 的潛在抗癌特性也受到初步研究的關注。某些研究指出,維生素 U 在胃腸道中具有保護作用,可能有助於預防胃腸道癌症。有限證據顯示,維生素 U 或能誘導癌細胞凋亡,並具備抑制癌細胞轉移的潛力。此外,維生素 U 對心血管健康的潛在作用也不容忽視。初步研究指出,它可能有助於降低總膽固醇和低密度脂蛋白(low-density lipoprotein, LDL),並藉由抗氧化和降脂特性預防動脈粥狀硬化,同時也可能在血壓調節中發揮作用,但仍需要更多數據證實。

維生素 U 在皮膚護理和抗衰老方面亦展現潛力,其抗氧化特性能減少皮膚細胞的氧化損傷,從而延緩老化進程;並可能幫助促進皮膚傷口的癒合,保護皮膚免受紫外線等環境損害。此外,維生素 U 或能透過減少氧化壓力來間接增加免疫防禦,有助於調節免疫反應以減少過度發炎。

維生素 U 對 E2F1 基因表現的影響

　　維生素 U 與 E2F1 基因表現之間的關係是一個複雜且未完全明瞭的領域。目前雖然缺乏直接證據，證明維生素 U 對 E2F1 轉錄的直接影響，但根據現有研究可推測一些潛在機制。

　　維生素 U 作為一種抗氧化劑，可能透過減少氧化壓力間接影響 E2F1 的表現。氧化壓力被認為會影響多種調控 E2F1 的轉錄因子，如 NRF2、AP-1 和 NF-κB。這些因子與 E2F1 的調控網絡交叉作用，維生素 U 若減少細胞內活性氧物質（ROS），可能創造有利於 E2F1 調控的細胞環境。

對 E2F1 轉錄的直接影響

　　維生素 U 的表觀遺傳效應，可能是影響 E2F1 表現的另一種方式。作為甲基供體之一，維生素 U 可能參與影響 DNA 和組蛋白的甲基化狀態。E2F1 基因啟動子區域含有 CpG 島，甲基化水平會影響其轉錄活性。如果維生素 U 改變了甲基化酶的活性或可用性，可能間接調控 E2F1 的啟動子甲基化。

　　此外，維生素 U 可能透過影響組蛋白修飾酶，改變 E2F1 基因周圍的染色質結構，進而影響其表現。非編碼 RNA，如長鏈非編碼 RNA 和 microRNA，也在 E2F1 調控中發揮作用。維生素 U 若影響這些 RNA 的表現或穩定性，也可能間接影響 E2F1。

　　維生素 U 或會透過調節細胞週期相關因子影響 E2F1。細胞週期的進程與 E2F1 的表現緊密相關，維生素 U 若能調節 cyclin-CDK 複合物、Rb 蛋白的磷酸化或 p53 路徑的活性，則可能間接影響 E2F1 的調控。例如，Rb 是 E2F1 的主要抑制因子，當 Rb 被磷酸化後，E2F1 活性增強。

維生素 U 若改變這些蛋白的活性或表現，便能進一步影響 E2F1 的轉錄。此外，p53 與 E2F1 在細胞生理中有協同與抑制關係，維生素 U 若調控 p53，可能改變 E2F1 的轉錄活性。

維生素 U 的代謝效應也可能間接影響 E2F1 的表現。維生素 U 在甲硫胺酸代謝中的作用可能調節 S- 腺苷甲硫胺酸（SAM）的水平，這是主要的甲基供體，對全基因組甲基化模式具有重大影響。

此外，維生素 U 在單碳代謝中扮演角色，該過程與 DNA 和組蛋白甲基化緊密相關，可能調控 E2F1 表現。維生素 U 可能透過降低內質網壓力或減少細胞內 DNA 損傷的發生率，影響細胞內與 E2F1 調控相關的壓力反應和代謝路徑。

透過細胞訊息路徑的間接影響

維生素 U 可能透過多種細胞訊息路徑，間接影響 E2F1 的表現與活性。這些訊息路徑之間的相互作用構成了精細的調控網絡，進而調節 E2F1 的功能。首先，促分裂原活化蛋白激酶（mitogen-activated protein kinase, MAPK）訊息路徑是潛在影響 E2F1 的關鍵機制之一。

ERK1/2 的活化可以促進 E2F1 的磷酸化，從而調整其穩定性與轉錄功能，如果維生素 U 調節 ERK1/2 活性，可能進而影響 E2F1 的作用。p38 MAPK 在細胞壓力反應中發揮調控作用，其活性改變也會波及 E2F1 的功能。JNK 路徑在磷酸化多種轉錄因子方面有重要地位，維生素 U 若影響 JNK 活性，也有可能間接調整 E2F1 的調控網絡。

PI3K/AKT 訊息路徑與 E2F1 的調控密切相關，對細胞生存與代謝有重要影響。AKT 磷酸化 E2F1，影響其穩定性及活性；若維生素 U 改變 AKT 的活性，則可能間接影響 E2F1。此路徑的下游效應器 mTOR 參與調

控蛋白質合成和細胞週期，維生素 U 若調節 mTOR 活性，可能在細胞增殖中對 E2F1 產生間接影響。PI3K/AKT 路徑還影響 FOXO 轉錄因子的活性，這些因子與 E2F1 在功能上有重疊或競爭，維生素 U 透過此機制亦可能間接調節 E2F1 的表現。

維生素 U 作為抗氧化劑，影響細胞內氧化還原狀態，這可能對 E2F1 的調控產生廣泛影響。氧化敏感的轉錄因子，如 NRF2 和 AP-1，在維生素 U 調控下可能影響 E2F1。氧化還原狀態改變了多種蛋白質修飾酶的活性，維生素 U 若改變這些酶的功能，則可能進一步影響 E2F1 的修飾和穩定性。維生素 U 還可能改變細胞內 pH 或離子濃度，這些變化都會影響 E2F1 的調控網絡。

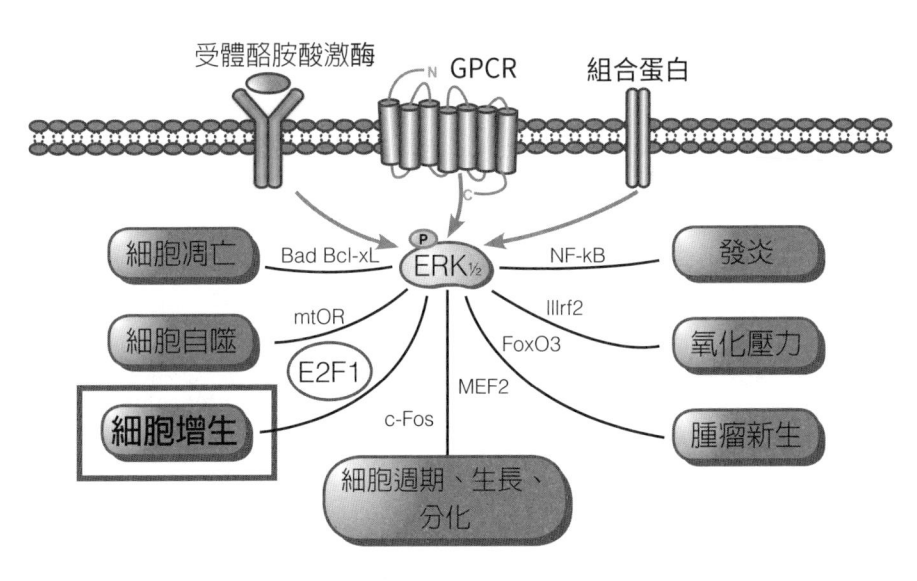

▲ E2F1 會促進正常細胞增生，促進免疫機制作用抵抗癌細胞攻擊。
　（資料來源：Kong et al. Frontiers in physiology 10(2019):1038.）

此外，維生素 U 對 TGF-β 訊息路徑的影響可能調節 E2F1，因為 TGF-β 透過 Smad 蛋白傳遞訊息，而這些蛋白可能與 E2F1 有交叉調控。

維生素 U 可能透過這些複雜的訊息網絡，間接影響 E2F1 的表現與活性。為了驗證這些假設，須進行系統性的研究，如使用磷酸化蛋白質組學、轉錄組學分析，以及特定的蛋白質互動實驗，來探討維生素 U 的影響。時間序列研究則可觀察維生素 U 處理後，訊息路徑的動態變化，揭示其在不同時間點對 E2F1 的影響。

對 E2F1 蛋白質穩定性和活性的影響

維生素 U 可能透過多種途徑影響 E2F1 蛋白的穩定性和活性，這些影響包括直接作用和間接調節。首先，維生素 U 可能透過泛素－蛋白酶體系統（ubiquitin-proteasome system, UPS）調控 E2F1 的穩定性，影響特定 E3 泛素連接酶（ubiquitin ligase）的活性或去泛素化酶（deubiquitination enzymes, DUBs）的功能來控制 E2F1 的降解速度。此外，維生素 U 的抗氧化特性可能影響蛋白酶體的整體活性，間接影響 E2F1 的降解速率。

其次，維生素 U 可能透過調控磷酸化、乙醯化和類泛素蛋白修飾分子化（small ubiquitin-like modifier, SUMO）等多種轉譯後修飾，改變 E2F1 的穩定性和活性。例如，維生素 U 可能影響 CDK2、共濟失調微血管擴張症突變蛋白（ataxia-telangiectasia mutated, ATM）等激酶或去磷酸化酶的活性，先影響 E2F1 的磷酸化狀態，進而影響其功能。

維生素 U 也可能對 E2F1 的後轉譯修飾產生影響，改變其在細胞內的功能。具體來說，維生素 U 可能調節乙醯基轉移酶，如 p300/CBP，以及去乙醯化酶，如 SIRT1 的活性，影響 E2F1 的乙醯化水平，進而改變其穩定性和轉錄活性。維生素 U 可能還影響甲基轉移酶和去甲基化酶的活

性，調整 E2F1 的甲基化狀態。此外，維生素 U 可能影響 SUMO 連接酶和 SUMO 蛋白酶的活性，調控 E2F1 的 SUMO 化程度，這對其活性與細胞內定位有直接影響。

E2F1 的氧化還原敏感區域也可能受到維生素 U 的影響，其抗氧化效應可能保持 E2F1 上半胱胺酸殘基的還原狀態，避免巰基氧化，從而維持其 DNA 結合活性。

維生素 U 可能影響 E2F1 的細胞內定位與其蛋白質－蛋白質相互作用。這種影響可能透過調節 E2F1 的核定位訊號或核輸出訊號來實現，進而影響其在細胞核內或細胞質中的分布。維生素 U 也可能調節細胞骨架結構，影響 E2F1 的細胞內運輸。此外，維生素 U 可能改變 E2F1 與其他調控蛋白，如 Rb，和共活化因子之間的相互作用，進而影響其轉錄活性。

對細胞週期調控與凋亡的影響

維生素 U 對 E2F1 的調控，可能對細胞週期和凋亡產生多重影響，並透過多種細胞訊息路徑和調控機制加以實現。在細胞週期中，E2F1 調節 G1/S 轉換、S 期進程和 DNA 複製相關基因的表現。維生素 U 若影響 E2F1 活性，可能會促進細胞進入 S 期並加速週期進程。此外，維生素 U 可能透過影響 cyclin D-CDK4/6 複合物和 Rb 磷酸化，來間接調節 E2F1 的活性。此過程亦可能涉及 G2/M 轉換和細胞週期檢查點調控，尤其是在 DNA 損傷後 S 期和 G1 檢查點的調節。

在凋亡的調控方面，E2F1 可上調 APAF1 和 PUMA 等促凋亡基因，影響粒線體外膜的通透性並調控 Bcl-2 家族蛋白的平衡。維生素 U 若能影響 E2F1 活性，可能改變內源性和外源性凋亡途徑中、死亡受體的表現。

細胞衰老與 E2F1 的功能密切相關，特別是在複製性衰老和壓力誘導

的衰老中。維生素 U 可能影響 E2F1 對端粒酶的調控,從而改變細胞複製潛力。維生素 U 還可能透過 E2F1 調控 p16 和 p21 等衰老相關基因,改變細胞衰老的進程,並影響衰老細胞的分泌型態(SASP)。

　　E2F1 在幹細胞自我更新和分化中也發揮作用,維生素 U 可能改變其調控模式,從而影響幹細胞的命運選擇,以及其在對稱與非對稱分裂間的平衡,最終調控幹細胞的功能和再生能力。

　　代謝調控方面,E2F1 調節糖酵解和脂質代謝相關基因的表現。維生素 U 若能透過 E2F1 影響細胞的能量代謝和脂質合成,將有助於細胞在氧化磷酸化和能量生產上的調節。此外,維生素 U 可影響 E2F1 調控的粒線體生物生成和電子傳遞鏈複合物的表現,影響粒線體的動態變化與功能。

第7章

CD36基因

CD36 基因在哪裡？

　　CD36 基因（ccluster of differentiation 36）是重要的多功能基因，編碼跨膜醣蛋白－血小板醣蛋白 IV（glycoprotein IV, GPIV），參與脂質代謝、發炎反應和細胞訊息傳導等多種生理過程。了解 CD36 基因的結構和功能，有助於我們更深入理解其在生理過程和疾病中的作用，並為未來的基因治療和疾病預防提供新的方向。

CD36 的發現

　　CD36 分化簇（cluster of differentiation 36，簡稱 CD36）最早是在超過 40 年前被發現的，當時透過蛋白質與特定糖分子結合的凝集素親和層析技術（lectin affinity chromatography），從人類血小板膜中分離出來，並被命名為「醣蛋白 IV」。

　　而後，CD36 的抗原也在許多其他組織及細胞中被檢測到，包括上皮細胞（epithelial cells）、血管內皮（vascular endothelium）、脂肪細胞（adipocyte）、骨骼細胞（skeletal）和心肌細胞（cardiac myocytes）、小膠質細胞（microglia）、胰臟 β 細胞（pancreatic β-cells）、樹突細胞（dendritic cells）、紅血球先驅細胞（erythroid precursors）、肝細胞（hepatocytes）、乳腺特化上皮細胞（specialized epithelia of the breast）、腎臟、腸道和舌頭、腎小球和腎小管細胞（kidney glomeruli and tubules cells）、視網膜外皮細胞（retinal pericytes）和色素上皮細胞（pigment epithelium cells）等。

CD36 基因的位置與大小

CD36 基因位於第 7 號染色體的 q21.11 區域，並且跨越約 77kb 的 DNA 區域。這樣的基因範圍顯示，CD36 基因在基因組中占有相對較大的空間，並且其結構的複雜度也為其功能多樣性提供了可能性。

基因的物理位置在基因組學中有重要意義，因為染色體的不同區域可能涉及特定的調控機制，影響基因的表現和功能。第 7 號染色體的 q21.11 區域正好是多種基因的聚集地，而 CD36 基因的存在表明，它在這些基因調控網絡中的重要性。

多種選擇式剪接 (alternative splicing)

研究發現，CD36 基因至少存在 20 種不同的剪接轉錄異構體，這些異構體透過不同的方式進行轉錄和剪接。這些異構體的多樣性使得 CD36 基因能夠在不同的組織中發揮不同的功能。具體來說，包括 16 種編碼 mRNA，這些 mRNA 最終會被轉譯成 CD36 蛋白質。而 1 種非編碼 mRNA 則不會轉譯成蛋白質，但它可能在基因表現調控中發揮重要作用。這顯示出 CD36 基因具有高度的靈活性，能夠根據不同的生理需求產生不同的蛋白質異構型。此外，還有種透過 CD36 mRNA 和表現序列標籤（EST）數據的自動計算分析預測出的 mRNA，這進一步強化了 CD36 基因表現調控的複雜性。

這些轉錄異構體的存在，意味著 CD36 基因能夠根據不同的環境和生理需求，透過不同的剪接方式來調整其表現產物。這種多樣性使 CD36

在人體內能夠適應多種功能需求。

外顯子與剪接機制

　　CD36 基因總共有 19 個外顯子，但在單個 mRNA 異構體中，最多有 15 個外顯子可以進行剪接，其中 12 個外顯子負責編碼蛋白質。這表明 CD36 基因具有靈活的剪接機制，允許產生多種蛋白質異構型。這些異構型在不同的組織或細胞中可能發揮不同的功能，這正是 CD36 基因能夠在多種生理過程中發揮作用的原因之一。**這樣的剪接靈活性，對於基因調控而言非常重要，因為它允許同一基因在不同情境下產生不同的蛋白質，從而滿足不同的生理需求。**

　　這種剪接異構體也體現了 CD36 基因在進化過程中如何發展出應對多樣環境的能力。不同組織對 CD36 蛋白的需求不同，因此該基因的剪接機制允許它根據特定情況產生不同的異構型，在脂肪代謝、免疫防禦、心血管功能等方面發揮不同的作用。

　　而在 CD36 基因的兩個主要轉錄異構體中，異構型 1 和異構型 3，外顯子 1、外顯子 2，以及外顯子 3 的 5' 端是非編碼區域，這意味著這些區域不參與蛋白質的編碼。然而，這些非編碼區域可能在基因表現的調控中，發揮至關重要的作用。非編碼區域在基因調控中通常參與 RNA 的穩定性、轉錄過程的啟動和調節，甚至影響基因的時空表現模式。這些非編碼區域在基因調控過程中具有關鍵作用，特別是當基因需要根據不同情境調整表現時，非編碼區域可以幫助調節基因的開啟或關閉。

編碼區域與蛋白質結構

CD36 基因的編碼區域包含 1,419 個核苷酸，這些核苷酸對應於 472 個胺基酸殘基，構成了 CD36 蛋白質的結構。CD36 蛋白質作為一種跨膜蛋白，對於脂肪酸攝取、代謝調控、免疫反應和心血管健康有著重要功能。這個蛋白質的結構與功能緊密相關，其編碼區域的精確結構決定了它在細胞膜上的功能。

此外，異構型 3 的外顯子 14 的 3' 端和異構型 1 的外顯子 15 的 3' 端，也屬於非編碼區域。這些區域可能參與基因表現的調控和 RNA 的加工過程。這些區域的存在，進一步證明了 CD36 基因具有高度的複雜性，並且這些非編碼區域在蛋白質結構之外的基因調控過程中，發揮關鍵作用。

而 CD36 跨膜蛋白包含 N 端（Aa2-7）和 C 端（Aa462-472）細胞質尾端片段（cytoplasmic tail），以及訊息傳導必需的 Src 家族酪胺酸激酶、兩個跨膜（Aa8-29 和 Aa440-461），以及一個具有髮夾狀膜拓樸（membrane topology）結構的大細胞外環（Aa30-439）。CD36 的重度醣基化胞外結構域在羧基（carboxyl）末端部分包含三個雙硫鍵（disulfide bond），這對 CD36 膜募集非常重要。

胞外結構域包含多個配體結合位點和轉譯後修飾位點，包括酯化、乙醯化、醣基化和磷酸。除了跨膜形式的 CD36 外，還產生可溶形式的 sCD36，它是由跨膜 CD36 的胞外結構域脫落形成的，而較高的 sCD36 濃度可能對代謝症候群成分具有保護作用。

CD36 基因為導致脂肪酸代謝障礙、葡萄糖不耐症、動脈粥狀硬化、動脈高血壓、糖尿病、心肌病變、阿茲海默症以及影響瘧疾臨床病程的候選基因，因此針對 CD36 基因的研究具有重要意義。

CD36 基因的作用

　　CD36 基因是一個多功能基因，在人體的各個細胞和組織中的多樣化表現，反映了它在生理功能上的多重角色，並參與多種生理和病理過程。本文將深入探討 CD36 基因的多方面作用，包括其在血管新生、免疫反應、脂質代謝以及感覺感知中的角色。

CD36 在血管新生中的作用

　　CD36 基因所產生的蛋白質不僅是血小板黏附蛋白 -1 的受體，還能識別多種含有特定肽段、稱為「血小板反應蛋白 I 型重複序列」（thrombospondin type I repeats, TSRs）的蛋白質。在微血管內皮細胞中，CD36 扮演著抑制血管新生的重要角色。這使得它在多種需要新血管形成的生理和病理過程中，發揮關鍵作用，如腫瘤生長、發炎反應和傷口癒合等。

　　CD36 的作用機制，主要是透過抑制生長因子所引發的促進血管生成訊息。這些訊息原本會刺激內皮細胞增殖、遷移，並形成管狀結構。然而，CD36 的介入會產生相反的效果，不僅阻止血管新生，還可能導致細胞凋亡。藥理學實驗和基因敲除等研究指出，CD36 的下游訊息傳遞途徑涉及多種蛋白質和酶，如非受體蛋白酪胺酸激酶 Fyn、促分裂原活化蛋白激酶中的 p38 和 c-Jun 胺基端激酶，以及 caspase-3 等。此外，訊息傳遞過程還會促進其他引發細胞凋亡的分子表現，如 Fas 配體和腫瘤壞死因子 -α。

CD36 作為模式識別受體的作用

　　CD36 也是一種模式識別受體，屬於清道夫受體的一類，主要表現於

吞噬細胞中。這些受體在進化上隨先天免疫系統一起發展，作為原始受體能夠識別和幫助清除外來病原體，例如細菌、寄生蟲和病毒。CD36 能夠識別細菌細胞壁中的特定脂質成分，特別是金黃色葡萄球菌和分枝桿菌，以及真菌物種中的 β- 葡聚糖等。這些識別能力使 CD36 成為宿主對抗感染的重要成員之一。

CD36 不僅能夠識別外源性病原體，還可以識別內源性配體，例如凋亡的細胞、感光器外段、氧化修飾的脂蛋白和糖化白蛋白等。這些功能使 CD36 在維持體內穩態中發揮了重要作用。例如，透過對氧化低密度脂蛋白（oxidized LDL, oxLDL）的識別，CD36 參與了「泡沫細胞」的形成，這些細胞在動脈粥狀硬化斑塊中堆積，促成了動脈粥狀硬化的發展。

此外，CD36 參與的免疫反應，還可能與阿茲海默症等神經退化性疾病的發病機制有關。在小膠質細胞中，CD36 可以與 β- 澱粉樣蛋白相互作用，促進其胞吞並引發促炎反應，可能加劇阿茲海默症的病程。在血小板上，CD36 與氧化磷脂（oxidized phospholipid, OxPL）的相互作用，使血小板對啟動劑更加敏感，這可能解釋了氧化壓力、高血脂症、發炎及病理性血栓形成之間的聯繫。

CD36 在脂質代謝中的作用

CD36 基因對脂質代謝具有重要作用，尤其在脂肪細胞、肌肉細胞、腸上皮細胞和肝細胞中，作為長鏈脂肪酸的轉運促進劑。CD36 透過結合脂肪酸及氧化脂肪酸，促進這些脂質的轉運和利用。在這一過程中，CD36 與 PPARγ（過氧化物酶體增殖物活化受體 γ）協同作用，PPARγ 可

被氧化磷脂啓動，進一步增強 CD36 的表現。

在肌肉中，CD36 表現與氧化代謝能力密切相關，並受運動和胰島素的調控。研究發現，細胞內的一部分 CD36 分子可以移動到細胞膜上，以增加脂肪酸的攝取。而在脂肪組織中，CD36 的作用則與脂肪酸的儲存和代謝有關。剔除 CD36 的小鼠顯示出異常的血漿脂質濃度及低血糖，這可能是由於脂肪酸利用的嚴重受損，以及脂肪酸攝取的減少所致。

此外，CD36 在代謝紊亂，如胰島素抵抗、肥胖和非酒精性脂肪肝的發病機制中也扮演了重要角色。在高脂飲食的情況下，CD36 的表現上調會促進脂肪酸的攝取，進而引發代謝性疾病。雖然有研究顯示，CD36 的剔除可能對代謝紊亂具有保護作用，但其機制和具體影響仍在爭議中，可能與不同組織中的表現差異及細胞環境有關。

CD36 在感官感知中的作用

CD36 基因在感官感知中的作用同樣引人注目。它主要參與脂肪酸的感知和進食行爲的調節。在舌頭上，CD36 集中在某些特定味蕾細胞的頂端表面，當這些細胞暴露於長鏈脂肪酸，如亞油酸時，CD36 會引發細胞內鈣離子的增加，並進一步導致神經遞質的釋放及味覺神經的啓動。

這些訊息會增加動物對高脂肪食物的偏好，同時也爲腸道處理高脂食物做好準備。在嚙齒動物的研究中發現，剔除 CD36 的動物對高脂肪食物的偏好明顯減弱，顯示 CD36 在

脂肪的感知和進食行為的調控中產生重要作用。此外，CD36 在腸道中的脂肪酸感知也可能透過油醯乙醇胺（OEA）合成進一步抑制進食行為，形成一種負反饋機制來調節脂肪攝取。

深入研究 CD36 不僅有助於理解其基本生物學功能，也可能為相關疾病提供新的治療標靶。在未來，我們期待能夠找到針對 CD36 的新型藥物，以改善人類健康並降低相關疾病風險。同時，也希望加強對該基因及其相關機制的研究，以便能應用於臨床治療上，使更多患者受益。

O3FA 是什麼？

　　O3FA（Omega-3 fatty acids）中文名為「Omega-3 脂肪酸」、「ω-3 脂肪酸」或「n-3 脂肪酸」，是人體無法自行合成的多元不飽和脂肪酸。在自然界，O3FA 主要存在於鱈魚肝、深海魚或海豹和鯨魚等脂肪層，以及亞麻籽、奇亞籽和核桃等植物源。自 20 世紀 70 年代對愛斯基摩人的飲食研究中，發現 O3FA 對於人體有諸多益處後，O3FA 便被廣泛應用於保健食品及醫療研究層面，成為促進健康的重要營養素。

O3FA 結構與特性

　　O3FA 屬於多元不飽和脂肪酸家族，分子結構特徵是第一個碳－碳雙鍵位於脂肪酸甲基端第三個碳原子上，其常見的三種形式為：ALA（alpha-linolenic acid，α- 亞麻酸）、EPA（eicosapentaenoic acid，二十碳五烯酸）和 DHA（docosahexaenoic acid，二十二碳六烯酸）。這些脂肪酸在生物體內主要以酯化形式存在，可與細胞膜磷脂或三酸甘油酯結合。

　　從化學結構分析，O3FA 具有獨特的空間構型。例如，DHA 的分子含有六個碳－碳雙鍵，這種特殊的結構賦予其極高的分子柔韌度，使細胞膜能保持適當的流動性和穿透性，維持著如神經細胞、視網膜細胞的正常生理作用。而研究指出，DHA 在大腦灰質中含量特別豐富，是構成視網膜、睪丸和精子細胞膜等主要成分。

O3FA 代謝途徑

　　O3FA 在人體內的代謝是複雜的生化過程。ALA 作為前驅物質，必

須經過一系列酶催化反應逐步轉化為 EPA 和 DHA，並涉及包括 △6- 去飽和酶、延長酶和 △5- 去飽和酶等多個關鍵酶。首先，ALA 在 △6- 去飽和酶的作用下轉化為十八碳四烯酸（stearidonic acid, SDA），接著在延長酶的催化下形成二十碳四烯酸（eicosatetraenoic acid, ETA）後，進一步經 △5- 去飽和酶作用生成 EPA。最後，EPA 經過多步酶催化反應，最終轉化為 DHA，但轉化過程的效率相當有限。

研究顯示，ALA 到 EPA 的轉化率約為 0.2%，而 EPA 到 DHA 的轉化率更低，僅為 0.05%。此外，轉化過程也存在明顯的性別差異：**女性的轉化效率（EPA 21%, DHA 9%）明顯高於男性（EPA 8%, DHA 0-4%），推測可能與雌激素濃度有關。**而年齡、營養狀態和疾病等因素，也會影響轉化效率。

O3FA 生物利用率

O3FA 可能以 EE、TAG、游離脂肪酸（free fatty acids, FFA）或 PL 等型式存在，並影響其生物利用率。研究指出，化學型式為 FFA 的 O3FA 比 EE 型的 O3FA 具有更佳的生物利用率，更容易被人體消化吸收系統識別和處理。

O3FA 在三酸甘油酯分子上的位置是關鍵，因消化和吸收的過程中，胰脂肪酶等消化酶，通常會先切斷 sn-1 和 sn-3 位置上的脂肪酸，保留 sn-2 位置上的脂肪酸形成單酸甘油酯（MAGs），而 MAGs 可以透過被動擴散直接進入腸細胞。所以，魚油中的 O3FA 較多位於 sn-2 位置，會比海洋哺乳動物油等其他來源的 O3FA，更具吸收優勢。此外，膳食因素同

樣會影響 O3FA 的吸收效率，例如同時攝入適量脂肪可以促進 O3FA 的吸收，因脂肪可以刺激膽汁分泌，提高脂溶性物質的吸收效率。

O3FA 的生理作用機制

O3FA 透過多重分子機制發揮生理作用。O3FA 可以嵌入細胞膜的磷脂中，改變膜的流動性和功能，並影響膜蛋白的活性，包括離子通道、受體和酶等，調節細胞的各種生理功能，特別是在神經細胞中，DHA 是維持突觸可塑性和神經傳遞的關鍵角色。

此外，O3FA 可以競爭性抑制花生四烯酸（arachidonic acid, AA/ARA）代謝，減少促進發炎反應的二十烷類物質，例如前列腺素（prostaglandin, PG）和白三烯（leukotriene, LT）的產生。同時，O3FA 本身可以轉化為緩解因子（resolvins）和保護素（protectins）等具有抗發炎作用的代謝物，抑制 TNF-a 和白介素 -13，以及減少發炎細胞的募集作用。研究指出，O3FA 的抗發炎作用可能是改善多種慢性疾病的重要機制。而在基因表現層面，O3FA 可以透過結合核受體蛋白（peroxisome proliferator-activated receptor, PPARs）來調節脂質代謝相關基因的表現，如 CD36。此調節作用不僅影響脂質的合成和分解，還會影響能量代謝、

發炎反應和細胞分化等多個生理過程。此外，O3FA 還可能透過影響 DNA 甲基化和組蛋白修飾等表觀遺傳機制，來調節基因表現。

O3FA 對生理功能的影響

在心血管系統中，O3FA 可透過多種機制改善心房顫動、動脈粥狀硬化、血栓形成及猝死等心血管疾病。O3FA 能降低三酸甘油酯濃度，提升高密度膽固醇含量，改善血管內皮功能，並具有抗血小板聚集和抗心律不整的作用。**大量臨床研究表明，適量攝入 O3FA 可以顯著降低心血管疾病的發生風險和死亡率。**

在神經系統方面，O3FA 中的 DHA 是大腦發育和功能維持，以及視覺和認知功能正常發育的重要物質。對於成年人而言，O3FA 可能有助於預防神經退化性疾病，如阿茲海默症。此外，越來越多的研究指出，補充 O3FA 可能對憂鬱症、焦慮症等精神疾病，有潛在的治療作用。

在免疫系統方面，O3FA 透過調節發炎因子的產生和免疫細胞的功能，來維持免疫系統的平衡。研究發現，適量攝入 O3FA 可能有助於改善多種自身免疫疾病，如類風濕性關節炎（rheumatoid arthritis, RA）和發炎性腸道疾病。近年來的研究還發現，O3FA 可能透過調節腸道菌群來影響宿主的免疫反應。

O3FA 作為人體必需的營養素，在維持正常生理功能中扮演著不可或缺的角色。從分子層級到整體功能，O3FA 透過其獨特的結構特性和多重作用機制，參與調節人體多個系統的生理活動。大量科學研究已經證實，**O3FA 對心血管健康、神經系統發育和調節免疫的作用。**未來隨著生物技術的進步，對 O3FA 的研究更加深入，也將為疾病預防和治療提供新的思維和方向。

O3FA 對 CD36 基因表現的影響

O3FA 的研究最早源於對心血管健康的關注，隨後發現其在抗發炎反應、神經系統發展等方面具有顯著作用。這些益處引起了科學界對 O3FA 調控機制的興趣，尤其是其對基因表現的影響。近年來，科學家逐漸將研究重心轉向 O3FA 對 CD36 基因的影響，因為 CD36 作為脂肪酸轉運蛋白參與脂質代謝與發炎反應，並且在維持細胞代謝平衡中擔任重要角色。

CD36 基因對疾病風險的影響

CD36 基因編碼的蛋白質位於細胞膜上，是一種廣泛表現於心臟、肝臟、骨骼肌等多種組織的細胞膜蛋白，並在膽固醇的吸收、合成、運輸和分泌等過程中，發揮關鍵功能。

作為脂肪酸及氧化低密度脂蛋白（oxLDL）的主要受體，CD36 在細胞內負責脂質分子的吸收和運輸。當 CD36 過度表現時會導致脂肪酸代謝異常，增加脂肪肝、肥胖和動脈粥狀硬化等代謝性疾病風險。因此，**調控 CD36 的表現被視為預防和治療相關疾病的潛在研究方向。**

O3FA 如何抑制 CD36 基因表現

O3FA 可以透過降低氧化物酶體增殖物，活化受體 PPARα 和 PPARγ 的活性，抑制 CD36 基因的表現。PPAR 是一種核受體蛋白，負責調控有關脂肪酸代謝及發炎反應的基因表現。當 PPAR 被活化時，CD36 的表現會增加，促進脂肪酸的吸收和儲存；O3FA 則能透過與 PPAR 相互作用、抑制其活性，進而減少 CD36 的表現。

此外，O3FA 抑制 CD36 表現的效果，在微血管內皮細胞中特別顯著。構成血管壁的內層、負責控制血液與組織之間物質交換的微血管內皮細胞，除了能促進或阻止脂質運輸至周邊組織、影響血脂濃度以外，還能釋放多種訊息分子來調控免疫反應，並在發炎反應中協助抵禦病原體，在血脂調節和免疫反應中發揮關鍵作用。因此，抑制 CD36 表現對減少脂肪堆積及抗發炎深具效果。

臨床研究也進一步驗證了 O3FA 在抑制 CD36 表現方面的作用，顯示 O3FA 營養補充劑能夠有效降低三酸甘油酯濃度，並與 CD36 基因的下調密切相關。此作用代表 O3FA 透過調控脂肪酸代謝，降低慢性發炎風險的機制，顯示出 **O3FA 在分子層級上可以影響脂肪酸代謝，減少脂肪堆積並降低慢性發炎的風險**。由此可見，O3FA 對 CD36 的調節作用具有抗發炎潛力，以及代謝疾病治療上的應用價值。

CD36 基因多態性對 O3FA 效果的影響

CD36 基因存在多態性，即不同人群可能具有不同的 CD36 基因變異，並影響個體對 O3FA 的反應能力。基因多態性會改變 CD36 蛋白的結構和功能，導致脂肪酸吸收和代謝差異。例如，特定的 CD36 基因多態性，會增加個體對脂肪酸的敏感性，使這些人在攝取 O3FA 後，更容易降低三酸甘油酯濃度。這種基因和營養的交互作用指出，不同基因型個體對 O3FA 的代謝反應可能有所不同。因此，針對基因背景進行個人化的營養，具有發展潛力。

O3FA 與心血管健康

O3FA 可以有效降低血漿中的三酸甘油酯濃度，提升高密度脂蛋白（high-density lipoprotein, HDL）含量，並減少低密度脂蛋白（LDL）的氧化，進而減少動脈硬化和心血管疾病的風險，而這些作用與 CD36 基因表現的調控有密切關聯。

O3FA 藉由下調 CD36 的基因表現，有效地限制了細胞對脂肪酸的過度攝取，這種調控機制可降低心血管疾病的發生風險。這項發現對於心血管疾病高風險族群具有重要的臨床意義，因為他們通常需要透過嚴格的飲食控制和生活型態的改變，來維持正常的血脂濃度。

O3FA 對腫瘤進展的潛在影響

除了在脂質代謝中的作用外，CD36 在腫瘤細胞代謝中也具有重要意義。腫瘤細胞通常需要大量的脂肪酸來支持其增殖和轉移，而 CD36 正是負責脂肪酸供應的主要蛋白質之一。研究顯示，CD36 的高表現與腫瘤增殖和惡性轉移密切相關，並且 CD36 的上調會增加腫瘤細胞對脂肪酸的需求。因此，抑制 CD36 表現被認為是一種潛在的抗腫瘤策略。

而 O3FA 能夠透過抑制 CD36 表現，來減少腫瘤細胞對脂肪酸的攝取，限制腫瘤的生長和轉移。例如，在某些動物模型中，O3FA 能夠顯著減少腫瘤的大小和數量，這與 CD36 的表現下調密切相關。這些結果表明，**O3FA 不僅在代謝性疾病中具有潛力，也有望成為腫瘤治療的新策略之一。**

臨床應用中的挑戰

儘管 O3FA 在調控 CD36 基因表現方面顯示出廣泛的應用潛力，但臨床應用中仍面臨諸多挑戰。首先，個體對 O3FA 的反應因人而異，這種差異源於基因多態性、腸道菌群組成和生活方式等多重因素。因此，在臨床應用中，考慮患者的基因背景和腸道健康狀況，以量身定制 O3FA 補充劑的劑量和形式，可能會提高療效。此外，由於 O3FA 的代謝過程較為複雜，長期補充是否會帶來副作用，也是一個需要關注的問題。

未來的研究應進一步探索 O3FA 在個體化醫療中的應用價值，**尤其是結合基因檢測和腸道菌群分析，以實現更精準的營養管理策略**。同時，基於 O3FA 的抗發炎和抗腫瘤潛力，開發針對腫瘤及其他慢性疾病的療法，也是值得探索的方向。隨著分子營養學和基因組學等方面的進展，人們對 O3FA 與 CD36 基因在各類代謝性疾病中的潛在應用將更為深入，並可能轉化為具體的預防和治療策略。

第 8 章

GSTM1 基因

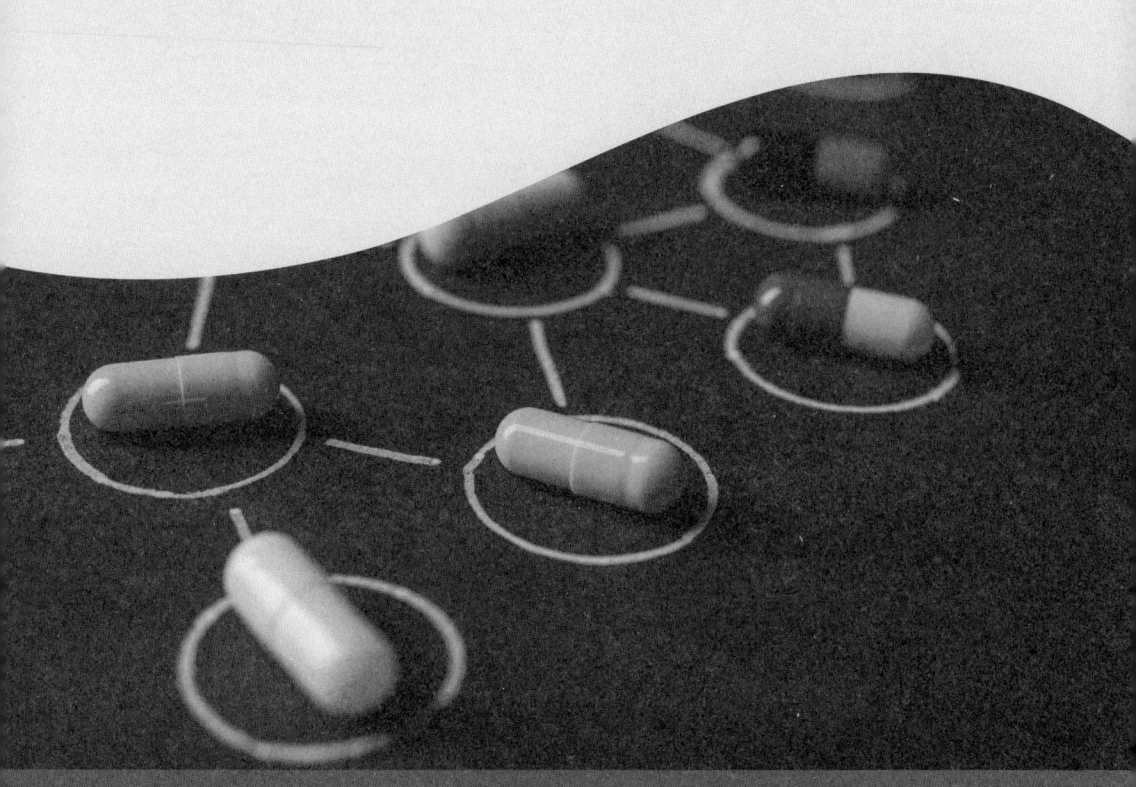

GSTM1 基因在哪裡？

穀胱甘肽 S- 轉移酶 Mu（glutathione S-transferase mu, GSTM）基因家族是一組由五種蛋白質組成的基因家族，分別為 GSTM1 到 GSTM5。這些蛋白質在生物體內的解毒過程中扮演著關鍵角色。

GSTM1 基因（glutathione S-transferase mu 1）是編碼穀胱甘肽 S- 轉移酶（glutathione S-transferase, GST）家族的一部分，這些酶在生物體內的解毒過程中扮演著重要角色。GSTM1 基因位於人類染色體 1p13.3 位置，是一個非常重要的基因，因其與多種疾病的易感性和藥物代謝能力密切相關。

GSTM1 基因負責編碼一種 GST 酶，該酶在細胞內抗氧化防禦中具有關鍵作用，能夠催化穀胱甘肽（glutathione, GSH）與多種有毒化學物質的結合，因而使這些物質更易於排出體外。這些酶的多樣性和差異性導致了不同個體對於環境毒素和藥物的反應差異，也因此成為遺傳學研究的矚目焦點。

GSTM1 基因在染色體上的位置與結構

GSTM1 基因位於染色體 1 的短臂（1p13.3）上，這是一個相對較短的基因區域，但其生物功能非常重要。染色體 1 是人類基因組中最大的染色體，包含大量的基因序列和重複序列。GSTM1 基因長度約為 657 個鹼基對，這些鹼基對在 GSTM1 的轉錄與轉譯過程中發揮著關鍵作用。該基因的轉錄產物在細胞質中被轉譯成穀胱甘肽 S- 轉移酶 Mu 1 蛋白，這是一種解毒酶。

染色體 1 的短臂部分也包含了許多其他重要的基因，如與癌症、

免疫反應和發育相關的基因。這些基因之間可能存在著基因間相互作用（gene-gene interaction），從而影響細胞內部環境和基因表現的調控。染色體 1 的結構變異，如拷貝數變異和基因缺失，可能導致 GSTM1 基因功能的喪失或異常，進而影響酶的活性和穩定性。這些變異通常與疾病的風險增加相關，如肺癌、乳腺癌和前列腺癌等。透過高解析度染色體圖譜的研究，科學家能夠進一步了解 GSTM1 基因的精確定位，以及其結構變異對基因功能的影響。

GSTM1 基因位置的重要性

GSTM1 基因位於人類染色體 1 的短臂（1p13.3），這個位置不僅決定了它的表現與功能，還深刻影響著其在細胞內解毒路徑中的作用。染色體 1 的這一區域富含與細胞代謝、解毒和免疫功能相關的基因，這些基因之間可能存在協同效應。GSTM1 基因的功能主要是透過編碼穀胱甘肽 S-轉移酶 Mu 1 酶，該酶在細胞內扮演著解毒酶的角色，透過與穀胱甘肽結合，促進多種有害物質的代謝與清除。這些物質包括環境毒素、致癌物質以及內源性的氧化壓力產物，若無法有效清除，將會對細胞造成損傷，甚至引發癌症等疾病。因此，GSTM1 基因的位置不僅決定了它在染色體上的表現模式，也影響了它如何參與解毒的路徑。

GSTM1 基因位置與解毒路徑的調節

GSTM1 基因位於染色體 1 的這一區域，與其鄰近基因協同工作，為

其在解毒路徑中的功能奠定了基礎。穀胱甘肽 S- 轉移酶 Mu 1（GST Mu 1）所負責的解毒反應主要發生在細胞質中，該過程包括將穀胱甘肽與親電子化合物結合，然後將這些有毒化合物轉化為水溶性物質，便於隨著尿液或膽汁排出體外。這一解毒過程對於處理來自外界環境的毒素（如工業污染物、吸菸產物）以及內生的代謝廢物相當重要。GSTM1 基因位於染色體 1 短臂的特定區域，這一位置與其他參與解毒過程的基因，如 GSTM2、GSTM3 等共享調節區域，使得這些基因之間的表現有著高度協調性，因此提高了整個解毒系統的效率。

此外，GSTM1 基因的表現還受到多種內外部因素的影響。外界因素如環境中的污染物、藥物等，會活化細胞內的氧化壓力途徑，進一步影響 GSTM1 基因的表現。而內部因素如細胞代謝的變化、發炎反應等，也可能改變基因表現的調控機制。這些因素透過轉錄因子、表觀遺傳修飾等途徑，影響 GSTM1 基因的表現，從而調控細胞內的解毒途徑。染色體 1 上這一特定基因區域的結構和組織，對這些調控機制產生了關鍵作用，並影響了 GSTM1 在整個解毒過程中的有效性。

綜上所述，GSTM1 基因的位置在染色體 1 上不僅影響其解毒功能，還藉由與其他基因的相互作用，對整個解毒路徑的效率產生影響。透過進一步研究該基因的位置與其功能變異的聯繫，我們能夠更好地了解 GSTM1 在個體健康中的重要性，並爲未來的臨床應用提供更多資訊。

GSTM1 基因的作用

　　GSTM1 基因在人體解毒系統中具有關鍵作用，特別是在肝臟、肺和腎臟等主要解毒器官中高度表現。該基因所編碼的穀胱甘肽 S- 轉移酶能催化穀胱甘肽與毒性化合物結合，有效中和親電性化合物和自由基，從而減少這些物質對細胞 DNA 及其他分子的損害。

　　GSTM1 的表現受多種內外因素調控，如轉錄因子、氧化壓力、環境毒素及遺傳背景，這些調節機制對維持細胞氧化還原平衡至關重要。臨床研究表明，GSTM1 基因的缺失型與癌症、心血管疾病等慢性病的易感性密切相關，特別是在暴露於特定致癌物質時，風險顯著增加。**隨著個人化醫療與藥物基因體學的發展，對 GSTM1 基因的研究有助於優化治療策略，特別是針對缺乏該基因功能的患者**，未來 GSTM1 基因在個體化治療和疾病預防中的應用潛力將持續擴大，為更精確的臨床指導提供重要依據。

GSTM1 基因的功能與調節

　　GSTM1 基因所編碼的穀胱甘肽 S- 轉移酶在體內的多種組織中都有表現，尤其是在肝臟、肺、腎臟和腸道等主要解毒器官中，表現更為顯著。這些酶在細胞質中發揮作用，主要透過催化穀胱甘肽（GSH）與各種內源性和外源性毒性化合物的結合來解毒。這種過程通常涉及親電性化合物（electrophiles）或自由基的中和，而減少這些化合物對細胞 DNA 和其他分子的損傷。

　　GSTM1 基因的表現也受到多種因素的調節，如轉錄因子、細胞訊息路徑、環境壓力（environmental stress）以及個體的遺傳背景。特定的轉錄因子如 Nrf2（nuclear factor erythroid 2-related factor 2）在氧化壓力反應

時，可誘導 GSTM1 的表現增強。這一過程是細胞應對環境壓力和維持氧化還原平衡的關鍵調節機制之一。

此外，環境毒素，如吸菸和酒精等，亦可影響 GSTM1 基因的表現。這些外源性因素可能透過改變 DNA 甲基化或組蛋白修飾等表觀遺傳機制，來調控基因的活性，影響個體對於環境毒物的易感性和代謝能力。

GSTM1 基因的臨床相關性與研究前景

GSTM1 基因的缺失型（null allele）在臨床上與多種疾病的易感性有關，在人群中廣泛存在。這樣的基因變異與多種慢性疾病的易感性有關，包括癌症、心血管疾病以及某些藥物的代謝異常，特別是在癌症研究中表現出顯著的重要性。GSTM1 基因缺失型個體在暴露於某些致癌物質，例如苯并 [a] 芘和多環芳香烴時，罹患肺癌、膀胱癌和乳腺癌等癌症的風險則會顯著增加。

這是因為這些個體缺乏有效的 GSTM1 酶來解毒這些有害化合物，導致體內有毒代謝物的積累，進而增加 DNA 損傷和細胞突變的機會。此外，GSTM1 缺失型也被證明與某些藥物治療的副作用增加有關，這尤其在化療藥物的毒性反應中得到驗證。

如今，隨著個人化醫療（personalized medicine）以及藥物基因體學（pharmacogenomics）的發展，對 GSTM1 基因的研究將提供更多的臨床指導。針對個體的 GSTM1 基因型，可以更精確地調整藥物劑量和治療方案，以最大限度減少副作用並提高治療效果。例如，對於那些缺乏 GSTM1 功能的患者，可以選擇更適合的解毒途徑或輔助治療策略，這將

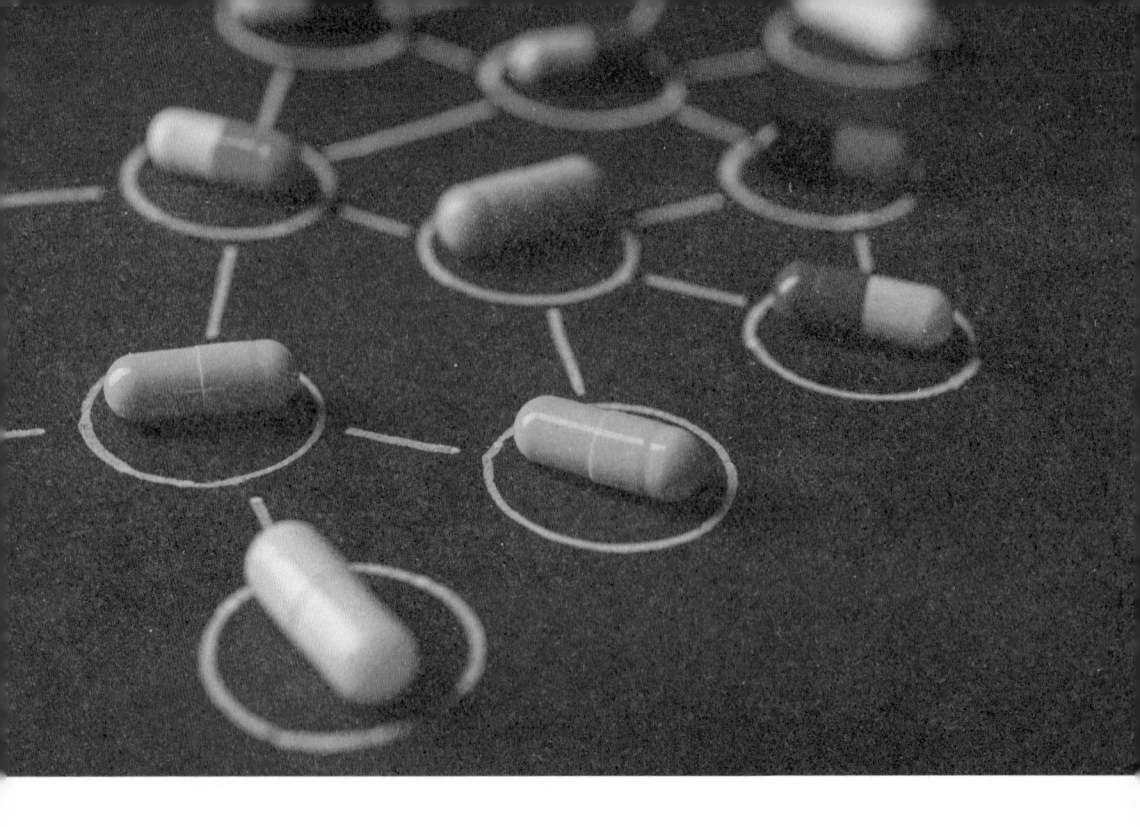

大幅提高治療的安全性和有效性。

　　GSTM1 基因的多態性是研究中的一個關鍵點，其表現形式包括三種等位基因：GSTM1-0、GSTM1a、GSTM1b。特別是當 GSTM1 基因以純合子形式缺失（GSTM1-0）時，會導致該基因的失活（inactivation），這使得個體由於無法有效解毒親電子化合物，因而可能增加對某些有害物質的易感性。

　　此外，由於 GSTM1 基因的多態性特徵，其缺失或變異也影響了人體對於藥物和環境污染物的清除能力，而在藥物治療中具有潛在的臨床意義。這些資訊顯示了 GSTM1 基因在醫學遺傳學和藥理基因學中的重要性。

　　綜上所述，GSTM1 基因在人體解毒系統中扮演著重要的角色，其基因多態性和缺失對個體的疾病風險和藥物反應產生顯著影響。隨著基因組學技術的進步和臨床研究的深入，GSTM1 基因的相關研究將在未來的個體化治療和疾病預防中，發揮更大的作用。

VC5E1 是什麼？

在人們從飲食所攝取的營養素當中，常見的抗氧化劑（antioxidants）為維生素 C（vitamin C）及維生素 E（vitamin E），一般可從綠色蔬菜、豆類以及堅果等攝取，也可直接使用市面上所販售保健食品作為補充劑。抗氧化劑有助於保護人體的細胞及器官不受到活性氧物質所造成的損傷，其中第一道防線是內源性的抗氧化劑，例如穀胱甘肽、超氧化物歧化酶（superoxide dismutase, SOD）與過氧化氫酶（catalase, CAT）等蛋白質，**第二道防線則是外源性的抗氧化劑，例如維生素 C 及維生素 E 可更進一步去保護細胞**，其中若以特定的比例的組合，像是 vitamin C 與 vitamin E 的比例為 5：1，簡稱為「VC5E1」。這樣的組合就可協同兩者抗氧化劑的作用，而達到強化的效果。

維生素 C

維生素 C 又稱作「抗壞血酸」（ascorbic acid），它是一種由六個碳組成的水溶性維生素。與大多數脊椎動物不同，蝙蝠、豚鼠及靈長類動物（包括人類）缺乏 L-gulono-1,4-lactone oxidase（此為促進維生素 C 合成的酵素），故必須透過飲食攝取才能獲得此必須營養素，像是十字花科蔬菜、奇異果及草莓等，都是很好的維生素 C 來源。

維生素 C 具有多種生物活性，例如參與生物體的免疫調節作用，作為一種高效的抗氧化劑，可提供電子保護重要的生物分子（像是核酸、蛋白質及脂質）不受正常細胞代謝所產生的氧化劑，或是因暴露於毒素及汙染物（菸草煙霧、二氧化氮及臭氧等）的危害。若長期暴露於空氣汙染，會擾亂體內氧化劑與抗氧化劑的平衡；若缺乏維生素 C 導致抗氧

化防禦下降，則進而會發生氧化壓力（oxidative stress）。空氣汙染會損害呼吸道內壁，增加呼吸道疾病的風險，像是慢性阻塞性肺病（chronic obstruction pulmonary disease, COPD）。根據研究顯示，在慢性阻塞性肺病患者中，補充維生素C與肺功能的改善及血清中維生素C和穀胱甘肽的濃度呈現正相關，**若給予患者每日補充 400 毫克以上的維生素 C，則可減少過度的氧化壓力，顯著改善肺功能，並提高血清中抗氧化劑的濃度，增強 COPD 患者自身抗氧化的能力而降低死亡率。**

另外，維生素C也是生物合成及基因調節單加氧酶（monooxygenases）與雙加氧酶（dioxygenases）的輔酶因子。舉個例子，在膠原蛋白合成過程中，脯胺酸羥化酶（prolyl hydroxylase）和離胺酸羥化酶（lysyl hydroxylase）是重要的雙加氧酶，它們負責穩定膠原蛋白的三級結構，而維生素C作為這些酶的輔助因子，可協助雙加氧酶進行關鍵的氧化反應，故缺乏維生素C會導致膠原蛋白合成障礙，從而引發壞血病。

維生素 E

　　維生素 E 是一種脂溶性的化合物，由兩大類組成，包括生育酚（tocopherols）和生育三烯酚（tocotrienols），每類又可分為四種異構體（α、β、γ 及 δ）。維生素 E 共有八種形式，當中以 α- 生育酚的形式最能夠滿足人體對維生素 E 的需求，它可由 α- 生育酚轉運蛋白（α-TTP）有效地由肝臟運輸至全身各部位。α-TTP 是無法辨識其他七種形式的維生素 E，因此 α- 生育酚也是人體中分布最廣泛的維生素 E。維生素 E 的主要膳食來源為植物油、堅果及深綠色蔬菜。其中，葵花籽油就富含 α- 生育酚。

　　維生素 E 的作用是保護細胞膜中的脂質不受氧化損傷。生物體代謝過程中所產生的自由基（例如，活性氧物質）會攻擊細胞膜中的脂質，尤其是多元不飽和脂肪酸（polyunsaturated fatty acids, PUFAs），進而造成脂質過氧化損害細胞結構，一旦反應啟動就會產生更多的自由基，並且繼續攻擊其他分子，形成連鎖反應。此時，維生素 E 可藉由提供電子穩定

自由基，從而終止脂質過氧化鏈反應。已有多項研究指出，維生素 E 在疾病的相關作用，包含心血管疾病、癌症、老化、自體免疫疾病、腎臟病、代謝疾病及呼吸系統疾病等，維生素 E 在這些疾病中發揮的潛在機制，可能就是與它抗氧化的能力密切相關。

維生素 E 可保護血管內皮功能，減少心肌梗塞並降低心血管疾病的死亡率。而在預防癌症方面，自由基引起的 DNA 損傷，可能導致基因突變增加罹患癌症的風險，透過補充維生素 E 與癌症風險降低有關。另外，自由基所引起的氧化壓力，也被認為是細胞老化和神經系統功能退化的原因之一。維生素 E 作為抗氧化劑能夠保護細胞，減少氧化傷害，從而可能延緩衰老與神經退化性疾病的發展。

維生素 C 與維生素 E 的協同作用

前文已提到，維生素 C 與維生素 E 皆有良好的生物活性，其實兩者間的抗氧化作用也是相互聯繫的。像是低密度脂蛋白（LDL）因為在動脈壁內膜層、長時間暴露於白血球所釋放的活性氧物質，進而發生脂質過氧化或是蛋白質的氧化修飾，因此氧化形式的低密度脂蛋白更容易被免疫系統識別並吞噬，從而在動脈壁積聚，導致動脈粥狀樣硬化。

在低密度脂蛋白中，維生素 E 是最豐富的抗氧化劑，它可作為第一道防線中和自由基，並終止脂質過氧化鏈反應，但提供電子後的維生素 E 就會變成氧化形式，相反地就有可能繼續促進氧化反應。此時，維生素 C 就在這個過程擔任重要角色，它能夠透過還原氧化形式的維生素 E，使其重新具備抗氧化的功能，繼續保護低密度脂蛋白不受氧化損傷，兩者的協同作用是維持抗氧化防禦系統平衡的重要機制。

已有多項動物與臨床研究皆指出，以特定比例使用維生素 C 與維生

素 E 可有效預防或延緩疾病。例如，以 VC5E1 作為抗氧化的補充劑，在墨西哥城就有一項研究。墨西哥城因為空氣汙染較嚴重且臭氧含量高，長期暴露會引發氧化壓力，導致相關的呼吸道發炎疾病產生，因此該研究由公立醫院募集 158 名有哮喘症狀的兒童，並隨機分配安慰劑組及抗氧化補充劑組，進行雙盲試驗。其中，抗氧化補充劑就是以比例 5：1（每日 250 毫克的維生素 C 與 50 毫克的維生素 E）的組合給予患者。試驗結果顯示，VC5E1 作為抗氧化的補充劑可減少因空氣汙染所引起的氧化損傷，進而改善哮喘兒童的肺功能。

綜合上述，我們從過往的研究發現，水溶性的維生素 C 可以在細胞質或血漿中發揮它的保護作用，而脂溶性的維生素 E 則主要在保護細胞膜和脂蛋白等脂質豐富的區域，並且**當維生素 E 因捕捉自由基而轉變為氧化形式時，維生素 C 可以將其還原並恢復其抗氧化活性。這樣的協同機制可強加整體抗氧化的防禦功能，並更全面的保護細胞及組織，減少因自由基引起的傷害及相關的疾病。**

VC5E1 對 GSTM1 基因表現的影響

　　GSTM1 是穀胱甘肽 S- 轉移酶 M1 的編碼基因，它是生物體中一種重要的抗氧化及解毒酶，主要負責在細胞受到氧化壓力及環境毒素的過程中，發揮核心作用。但是，由於基因多態性導致有個體的遺傳差異，有些族群會攜帶基因缺失型的 GSTM1（GSTM1-null），也就是缺乏該基因的表現。當 GSTM1 基因功能缺失，將會使得個體更容易受到氧化壓力及外界毒素的傷害，增加罹患慢性疾病的風險。我們在前一節有提到，VC5E1 是維生素 C 及維生素 E 抗氧化劑的組合，對於 GSTM1-null 的個體來說，補充這些維生素可以提升本身抗氧化系統的不足，有效減少內源或外源性毒素的影響。

GSTM1 在抗氧化及解毒系統的作用

　　GSTM1 是穀胱甘肽 S- 轉移酶家族中的一員，在哺乳動物中存在著七類 GST，包含 α、μ、π、σ、ζ、ω 和 θ。這個家族的成員在分解有害的化學物質、代謝藥物，以及抗氧化防禦作用中，扮演著重要的角色，GSTs 可促進還原態的穀胱甘肽（GSH）附著至毒素化學分子上，使其結構更溶於水且毒性較低，讓細胞解毒系統中其他的酵素，可更容易將毒素從細胞中去除。而穀胱甘肽也是一種強效的抗氧化劑，有助於保護細胞免受氧化壓力。

　　GSTM1 特別在分解多環芳香烴、苯等化學毒素分子及一些致癌物質的生物轉化時，尤其重要。然而，攜帶基因缺失型的 GSTM1 個體，他們體內無法表現 GSTM1 酵素。這個族群的個體可能會面臨較高的氧化壓力或是有害物質在體內的積累，進而增加罹患某些疾病的風險。

先前有研究顯示，大腸直腸癌的病程發展可能與穀胱甘肽 S- 轉移酶有關。大腸直腸癌是主要的胃腸道惡性腫瘤，大部分患者在晚期的時候才被診斷出來，因此死亡率較高，所以更需要進一步了解大腸直腸癌發展的生物標記，以利治療方向的建立。其中，**加工肉類和香菸煙霧中檢測到的多環芳烴物質，是大家所知道會促進大腸直腸癌發展的危險因子，而 GSTM1 在分解多環芳香烴扮演著重要的角色。**

另外，晚期患者所使用的化療藥物也已被證明會產生氧化壓力，且其中的解毒機制是需要透過穀胱甘肽 S- 轉移酶媒介。因此，研究結果發現，GSTM1-null 與大腸直腸癌患者治療預後的效果及存活時間較短有關。

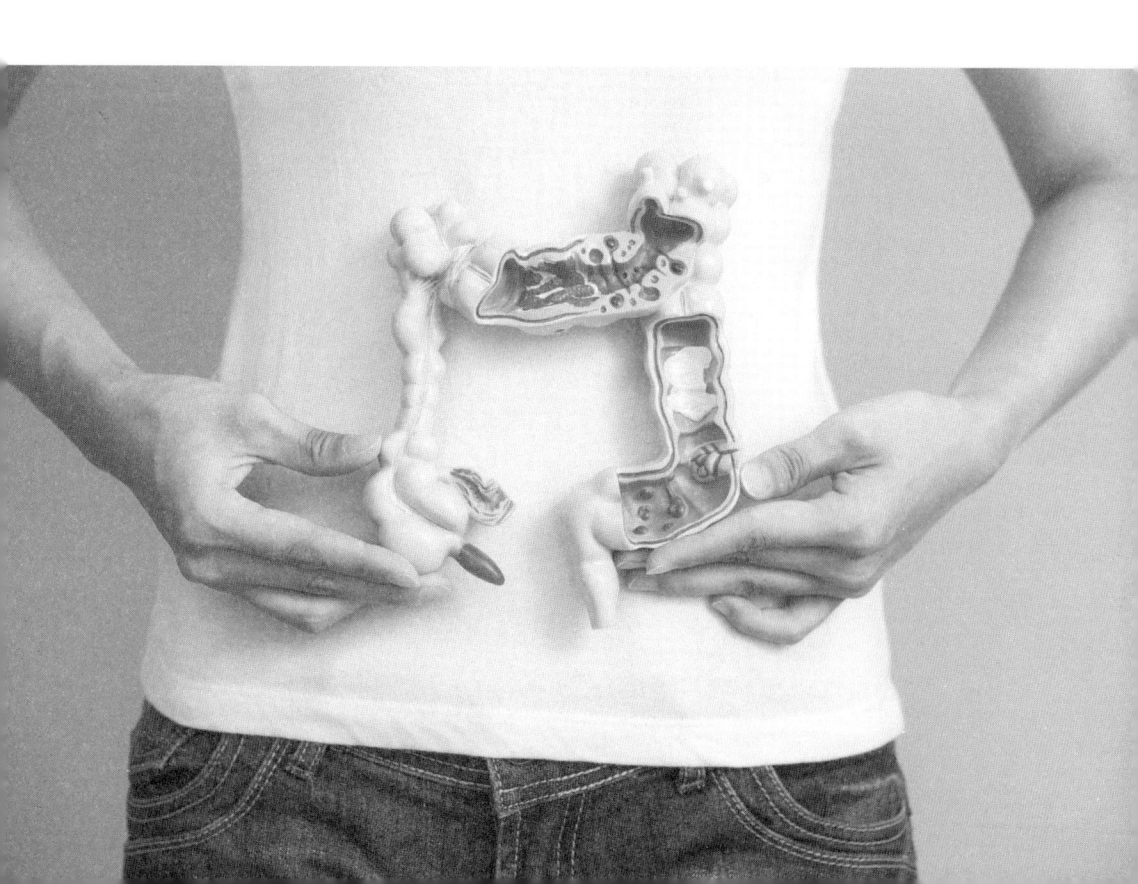

維生素與 GSTM1 抗氧化的協同機制

維生素 C 是一種強效的水溶性抗氧化劑，並且廣泛存在於我們日常所攝取的水果及蔬菜中，它能夠提供電子中和自由基保護細胞免受氧化壓力所造成的傷害。穀胱甘肽 S-轉移酶能夠透過酵素反應，將脫氫抗壞血酸還原成抗壞血酸，而穀胱甘肽和抗壞血酸表現出相似的功能，且具有相互依賴性，兩者皆是電子的提供者，可保護彼此不受氧化，形成一個補償的機制。先前的研究已說明，給予缺乏抗壞血酸的豚鼠服用穀胱甘肽，可延緩壞血病的發生，其中提出的機制就是增加脫氫抗壞血酸還原成抗壞血酸，並與穀胱甘肽協同抗氧化作用。此外，在 GSTM1-null 的個體中，抗壞血酸就必須補償穀胱甘肽的抗氧化功能。如果飲食無法攝取足夠的維生素 C，則 GSTM1-null 的個體將會面臨更嚴重的氧化壓力。

維生素 E（α-生育酚）是一種脂溶性抗氧化劑，主要存在於植物油、堅果及綠色蔬菜中，維生素 E 可以保護細胞膜中的脂質，藉由提供電子穩定自由基，減少脂質過氧化所造成細胞結構的損傷。

過去曾有研究探討，持續進行血液透析的腎臟病患者，其體內其實是一直處於過度氧化壓力的狀態，在透析過程中活化的多形核白血球（polymorphonuclear leukocytes）會在透析膜表面產生活性氧物質（ROS），因自由基增加且抗氧化酶的活性下降，都會導致蛋白質、脂質及 DNA 結構受到破壞及毒素副產物的積累。

穀胱甘肽 S-轉移酶可將患者體內因尿毒症所積累的毒素進行解毒，並且對於 ROS 及過氧化物有強大的抗氧化能力。因此，缺乏 GSTM1 活性的患者，更容易表現出較強烈的 DNA 損傷及更高的死亡率。使用維生素 E 作為透析膜的原料之一，被認為是減少氧化壓力的一種方法，除了增強生物相容性以外，它也可以有效中和 ROS 減少脂質過氧化，因此在

一定程度上，維生素 E 作為透析膜的原料，可以降低氧化壓力及發炎生物標記的表現。

VC5E1 對 GSTM1 表現的影響

雖然 GSTM1 的基因表現主要還是由遺傳決定，但在過去已有多項研究表明，補充維生素 C 和維生素 E 可以增加穀胱甘肽在細胞或血液中的濃度，從而間接增強 GSTM1 的抗氧化功能，因維生素 C 與穀胱甘肽相互補償的機制，可再生被氧化的穀胱甘肽。另外，GSTM1 可透過飲食攝取到的維生素 C 及維生素 E 來誘導其表現，因為這些成分能夠活化特定的細胞訊息傳導途徑，而這些途徑會影響基因啟動子中轉錄因子的結合位點，調控的位點正是基因表現重要的區域。

此外，對於 GSTM1-null 的個體來說，補充足量的維生素 C 和維生素 E 更為重要。這類族群在面臨高汙染或是壓力的環境下，補充維生素可有效減少自由基所造成的傷害。例如，一項針對臭氧汙染環境的研究發現，在募集的受試者中有 39% 的兒童是攜帶基因缺失型的 GSTM1，分別給予 GSTM1-null 個體 VC5E1 及安慰劑的研究結果顯示，與 GSTM1-postive（GSTM1 基因功能正常）的組別相比，補充 VC5E1 可更有效大幅降低其肺功能在高臭氧暴露下的損害。

總體而言，VC5E1 對於 GSTM1 基因的表現與酵素的活性及功能，具有潛在的支持作用，**尤其是針對 GSTM1-null 個體，可提供額外的保護機制來彌補 GSTM1 酵素的不足，使其更有足夠的防禦能力去抵抗外界的毒素，並有效減少氧化壓力對細胞本身所造成的傷害。**

第 9 章

基因調控的市場

基因調控在台灣的發展

美國生物學家安布羅斯（Victor Ambros）與美國分子生物學家魯夫昆（Gary Ruvkun）兩人因發現微型核糖核酸（microRNA）在基因調控扮演的角色的貢獻，獲得 2024 年諾貝爾生醫獎，使得基因調控研究成為未來再生醫學最受矚目的領域。向來與國際醫療發振趨勢緊密結合的台灣生醫科技研究，發展基因調控專業領域已行之有年，在產官學與民間醫療的努力下，已交出亮麗的成績單。

台大分子醫學研究所，為台灣基因調控打基礎

台灣發展有關基因控領域，已有超過 30 年的歷史。1992 年，台灣大學醫學院成立分子醫學研究所，這是一個跨科系的研究單位，領域包括基因與蛋白質的調控、發育、神經、免疫、癌症、代謝及細胞壓力反應等重要主題，並整合遺傳學、分子生物學、基因體學及尖端影像技術等。

在傑出的師資與研究生努力下，分子醫學所有亮眼的表現，例如李芳仁教授與劉雅雯副教授在囊泡輸送與膜生物學的研究成果，發表在國際著名的《美國國家科學院院刊》（PNAS）、《自然通訊》（Nature Communications）、《細胞生物學雜誌》（Journal of Cell Biology）；張智芬教授有關核苷酸與 DNA 損傷修補的研究，發表於《美國國家科學院院刊》與《自然通訊》；潘俊良教授對於神經發育、老化等課題的研究，發表在《神經元》（Neuron）、《發育細胞》（Developmental Cell）、《自然通訊》等。

中央研究院成立基因體研究中心，多項研究成果傑出

　　隨著基因研究成為世界潮流，2003 年中央研究院成立基因體研究中心，由前中研院院長翁啟惠院士擔任首屆中心主任，積極規劃研究方向、延攬人才以及興建研究大樓，將台灣基因研究帶入新高點，希望將所研發的重要成果技術轉移給新創科技公司，帶動台灣生技產業發展。

　　經過近 20 年的努力，中研院基因體研究中心在醣體學、疫苗與新藥候選物研發、癌症與幹細胞研究、流行病學、質譜技術開發與演化生物資訊學等方面，有多項傑出研究成果。截至 2020 年為止，已發表超過 2,700 篇國際期刊論文或專書，提出逾 600 項專利申請，為台灣基因研究發展奠定良好基礎。

　　基因體研究中心在 2007 年由蔡明道博士所領導的研究團隊，首次找到能夠將三個甲基從組蛋白踢除的酵素，證明組蛋白上的三個甲基並非細胞中不可磨滅的永久標誌，是第一個找出吸引 RBP2 的關鍵 DNA 序列，並且解出 DNA 結合區域立體結構的團隊，該成果被國際頂尖期刊《自然》（Nature）旗下的『自然－結構與分子生物學』網頁列為重大發現的研究成果，並搶先報導。

　　接著，蔡明道院士領導的國際研究團隊，於 2023 年利用 X 射線自由電子雷射，首度在原子解析下捕捉到光解酶酵素修復 DNA 損傷的完整過程，研究結果刊登於國際期刊《科學》（Science），讓台灣基因研究揚名國際。

AI 科技合作基因分析平台，成為未來新趨勢

　　2018 年，台灣微軟與台灣人工智慧實驗室合作發表 AI 基因分析平台「TaiGenomics」，為國內基因醫學及研究開創新局。它結合雲端運算資源、動態儲存空間、安全性、基因即服務（Genomics as a Service）等四大優勢，開發出基因分析平台，將基因檢測所需的龐大數據比對、分析、診斷的工作交由 AI 處理，不僅大幅降低時間成本、減少失誤，並可協助專家預測出潛在疾病。

　　2019 年，由清華大學化工系胡育誠教授、中國醫藥大學林進裕教授，以及長庚醫院骨科張毓翰醫師組成合作團隊，在國科會支持下，開發出新型雙向基因調控系統，並用於調節間葉幹細胞的分化路徑，促進骨組織再生。此項領先世界的技術為國內再生醫學發展交出一張漂亮成績單，並發

表於國際著名期刊《核酸研究》（*Nucleic Acids Research*）。

長期致力於基因治療、組織工程與再生醫學研究的胡育誠教授，團隊以 CRISPR/Cas9 基因編輯技術為基礎，將 CRISPR-AI 系統送入幹細胞後，與原來幹細胞相比，可同時活化 Sox9 表現 17 倍，並抑制 PPAR-g 表現達 70%，同時活化（activation）與抑制（inhibition）兩種路徑的重要調控基因，大幅提升幹細胞分化成軟骨細胞的效率，以及頭蓋骨的修復效率。另外，CRISPR-AI 系統也具有改造免疫細胞的潛力，可增加免疫細胞殺死癌細胞能力。

台灣精準醫療計畫，照護國人健康

中央研究院自 2019 年開始進行台灣精準醫療計畫（Taiwan Precision Medicine Initiative, TPMI），與 16 個醫療體系共同執行的多中心研究計畫，運用全基因體關聯性分析、人工智慧與大數據分析，建立國人常見疾病的風險評估模式，臨床醫師可參考研究計畫的基因分析參考結果，給予患者更符合個人需求的用藥建議與健康照護。

台灣的基因發展研究在產官學界全力發展的趨勢下，也向下扎根到與民眾生活相關的醫療院所。2020 年，台大醫院小兒科暨基因學部主治醫師胡務亮與團隊從 2005 年起，花費 15 年心力時間，開發出針對罕見疾病芳香族 L-胺基酸類脫羧基酵素缺乏症（AADC）的基因治療療法，成功治療 30 名個案，且此療法也在 2022 年 7 月獲歐洲藥品管理局核准，成為全世界第一個被歐盟核准的腦部基因治療藥物，可說是台灣的基因治療之光，並為治療罕見疾病開出一條新的道路。

民間醫療發展基因調控，落實至民眾生活

慈濟大林醫院針對風濕免疫疾病，包括類風濕性關節炎、系統性紅斑性狼瘡、僵直性脊椎炎等，建立台灣的流行病學資料，並且針對風濕病背後異常基因調控的方式，進行基礎醫學研究，成果已發表數十篇論文在國際期刊，並從 2016 年至 2022 年執行計劃，為治療風濕免疫疾病研究貢獻出心力。

林口長庚醫院於 2011 年成立基因醫學中心，著重罕見與難解疾病研究，2017 年發展出基因醫學核心實驗室，主要研究方向為以 RNA 為導向的基因表現分析。臺北榮總在 2021 年 8 月成立「精準醫學暨基因體中心」，利用台灣精準醫療計畫（TPMI）等基因體資料的轉譯與藥物基因體學的相關研究，並結合最新 AI 人工智慧技術，全面提升醫療照護。

基因調控的市場規模

　　全球基因調控市場在過去幾年持續增長，受基因組學研究進步、藥物開發應用多樣化和個性化醫療需求增加驅動，截至 2024 年，市場規模預計達到約 140～150 億美元。政府和私營部門對基因組學的持續投資，推動了基因調控技術在研究和臨床領域的開發和應用，擴大其影響力。

　　基因表現分析工具在製藥和生物技術中的普及，是市場擴張的重要動力。這些工具在藥物開發的靶標識別和藥效評估中不可或缺。人口老齡化和環境變遷導致遺傳疾病和癌症發病率上升，進一步推動了基因療法需求。隨著新一代定序技術的普及，研究的可及性提高，成本效益改善，為研究機構和企業帶來更多機會。

以不同技術與應用分細分市場

　　基因調控市場可根據不同技術與應用進行細分，進一步揭示其市場結構和發展趨勢。從技術角度看，基因調控市場涵蓋多種技術，如轉錄因子研究與應用工具，這是基因調控的重要核心。例如，染色質調節因子的技術專注於如何透過改變染色質結構影響基因表現；表觀遺傳修飾技術，包括 DNA 甲基化和組蛋白修飾，在研究中同樣發揮著重要作用；RNA 干擾技術則主要用於抑制特定基因表現，以研究其功能；基因編輯技術，如 CRISPR/Cas9 等，仍然是這一領域的革命性技術，持續引領技術變革。

　　基因調控技術應用於多個領域，最重要的是藥物開發，涵蓋從靶標識別到藥效評估的各個階段。隨著基因表現分析技術在疾病診斷與預後評估中普及，診斷應用正逐步增加。生物標誌物的發現，對個性化醫療具有關鍵作用。治療應用方面，基因和細胞療法迅速興起，顯示出強大的潛在

價值。

　　技術的終端使用者包括製藥和生物技術公司、學術研究機構、醫院與診斷實驗室，以及合約研究機構（CROs）。製藥和生物技術公司在藥物研發過程中廣泛使用這些技術，是最大的技術使用者；學術研究機構則在基礎和應用研究中大規模使用此類技術；而醫院和診斷實驗室，則用於臨床診斷與個性化治療；CROs 則提供專門的研究服務，進一步推動技術的應用和發展。

　　基因調控工具應用也擴展至農業和環境科學，用於改良作物性狀和環境監測。市場在過去幾年的年均複合增長率約為 9～10%，預計未來幾年增速將保持、甚至加快。COVID-19 疫情期間，基因調控技術在病毒研究、疫苗開發和診斷中發揮了關鍵作用，促進其在全球市場的推廣。

北美為全球最大市場

　　全球基因調控市場在不同地區的表現有所差異，主要體現在經濟發

展、研究投入和醫療系統的完善度。北美市場占據全球的 40～45%，爲最大市場。美國憑藉其強大的研究基礎設施、高額基因組學投資，以及主要生物技術與製藥公司的集中，成爲領先者。加拿大在該市場中的地位也逐漸上升，受益於政府對精準醫療的支持和相關政策的推動。整體而言，北美市場的增長爲受到新技術採用與主要製藥公司研發投入的推動。

歐洲則是第二大市場，占全球市場占有率的 25～30%。德國、英國和法國在其先進的醫療系統及對基因組學研究的重視下，維持市場優勢。歐盟的資助計劃，如「展望歐洲」（Horizon Europe），對基因調控技術的推動發揮了積極作用。然而，倫理和監管限制在某種程度上影響了歐洲市場的發展速度。

亞太地區是增長最快的市場，占全球市場的 20～25%。中國、日本和印度在此領域的增長尤其明顯，主要受益於政府對基因組學研究投資的增加及個性化醫療的推廣。中國在基因編輯和基因療法領域的迅速發展尤爲突出。這一地區的市場增長也受到龐大的人口基數與慢性疾病發病率上升的驅動，成爲推動市場的重要因素。

中東和拉丁美洲等其他地區目前占全球市場的 5～10%。這些地區對基因調控技術的興趣逐漸增加，尤其以色列在生物技術創新方面的突出表現，推動了中東市場的發展。拉丁美洲中，巴西和墨西哥是主要市場，隨著政府對生物技術的支持加強，這些國家的市場占有率也在增加。雖然區域間差異明顯，但隨著全球合作的加強，這種差異有望逐漸縮小。

主要參與者和市場動態

基因調控市場具有多家知名生物技術與製藥公司的參與，以及專門從事基因組學的公司，如 Thermo Fisher Scientific、Illumina, Inc.、

Qiagen、Bio-Rad Laboratories、Agilent Technologies、Merck KGaA、Promega Corporation、New England Biolabs、Abcam plc 和 Zymo Research Corporation 等，這些公司不斷擴大研發投入，改進技術並推出新產品以應對市場需求。合併、收購及戰略合作是常見的市場策略，以拓展產品線和增加市場占有率。例如，Thermo Fisher Scientific 透過收購 Life Technologies 和 Affymetrix 增強了其產品組合，而 Illumina 則在定序技術中保持領先，持續推出創新解決方案。

另外，市場中也有許多專注於特定技術的小型創新企業，這些公司有時候會成為大型企業收購的目標，或透過合作來擴大技術應用。技術進步如新一代定序和 CRISPR/Cas9 技術，推動新應用的實現並促進市場發展；對於精準醫療和標靶治療日益重視，則帶動了對個性化基因表現分析的需求上升。

市場還受到外部因素，如對液體活檢等非侵入性診斷技術需求增長的推動。這些新技術為基因表現分析開拓了新應用領域。然而，基因編輯與療法的監管挑戰，以及圍繞基因操作的倫理問題，可能影響市場進展。數據分析和解釋的複雜性也成為一大挑戰。隨著基因數據量不斷增長，有效處理和解釋數據變得愈發重要。

人工智能和機器學習的應用，為基因表現分析提供了新的動力，提升了數據處理的效率和準確性。 隨著基因調控技術的持續發展，市場預計將持續增長並實現轉型，尤其是在單細胞分析和空間轉錄組學等新興應用中。未來，隨著精準醫療和基因療法的技術突破，新技術如單細胞定序和空間轉錄組學，也將為市場注入新動力。儘管如此，數據分析的複雜性、倫理及隱私問題仍是挑戰。**如何在創新、監管和倫理考量之間取得平衡，需要行業和監管機構共同解決，以確保市場的健康發展。**

基因調控的市場潛力

未來幾年，基因調控市場預計將顯著增長。精準醫療在基因調控工具的支持下，推動個性化治療方案，特別是在癌症治療中的應用。技術進步促使其應用擴展至心血管疾病和神經退化性疾病。基因表現分析的應用增加，強化了疾病預測和預防，開啟個性化健康管理的新機遇，提升早期識別和干預能力。

基因療法是另一個快速成長的領域。隨著技術進步，針對遺傳疾病，如脊髓性肌萎縮症和血友病的基因療法，已顯示出廣闊的應用潛力。技術的精確度和遞送系統的改進，擴大了其適用範圍，如複雜疾病的治療。此外，這些技術在再生醫學中的應用，如心臟病和神經損傷治療，吸引了大量關注。

技術創新加速發展市場

基因調控市場因技術創新而快速發展，預計這些進步將顯著提升應用潛力。CRISPR/Cas9 基因編輯技術的發展，尤其是「原始編輯」等變體，提供了更高的精確性與靈活性，拓展其在研究和臨床的應用。提高編輯精度和開發更高效的遞送系統，是提升體內應用效率的研究重點。CRISPR 技術已超越單純的基因編輯，如 CRISPRa 和 CRISPRi 則用於基因調控以實現更精細的基因表現調節。

單細胞基因組學的進展，使研究人員對單個細胞的基因調控有深入見解，對研究癌症等異質性組織尤為重要。單細胞定序技術有助於得知細胞異質性和發育過程，開創精準醫療新機遇。結合空間位置訊息的空間轉錄組學，為研究組織內細胞互動提供了新視角，加深對生物系統的了解。

長讀取定序技術在解析結構變異和重複序列等複雜基因區域中，發揮關鍵作用，能更精確地解析基因組結構，並推動表觀遺傳修飾和三維基因組結構的研究。這種技術揭示了更多基因調控層面，有助於了解基因在細胞環境中的調控方式。

　　人工智能和機器學習，進一步推動基因調控研究，提高研究深度與效率。與基因調控數據的結合，使預測基因功能、識別調控元件和優化治療策略成為可能。AI 技術加速藥物發現流程，協助研究者在大量基因組數據中，尋找潛在治療靶點，優化編輯設計並減少非特異性效應。隨著數據規模和演算法不斷改進，AI 在基因調控領域的應用前景將愈加廣闊。

　　表觀遺傳療法隨著對基因調控機制了解的加深而發展，透過調節基因表現而非改變 DNA 序列來治療疾病，如癌症和神經退化性病變，其可逆性和較低副作用，使其成為傳統療法的有力補充。

　　在農業和環境領域，基因調控技術展現了廣泛應用潛力。這些技術被用於開發抗旱、增產及提高營養價值的作物，以應對全球糧食挑戰。CRISPR 等基因編輯技術助力精確改良作物，並用於功能性食品及生物燃料的開發。

市場增長預測

　　未來幾年，基因調控市場預計將持續增長。到 2030 年，全球市場規模預計達到 300～350 億美元，年複合增長率（CAGR）為 12～15%，反映出基因調控技術在醫療、農業和環境科學等領域的廣泛應用。技術進步、對基因組學潛力的認識漸深，以及完善的監管環境，是推動市場擴張的主要因素。

預計到 2030 年，基因療法將以超過 20% 的 CAGR 增長，顯示出治療遺傳疾病和癌症方面的突破性進展。隨著更多基因療法獲得監管批准，市場規模將迅速擴大，表觀遺傳市場也將在 2028 年達到 220 億美元，年均增長率為 15%，主要受癌症治療和神經科學研究推動，這一領域可能帶來創新療法策略。

　　CRISPR 基因編輯市場預計到 2025 年將超過 100 億美元，CAGR 超過 25%。CRISPR 技術的快速普及和新應用的拓展，是推動市場增長的主要動力。隨著技術的成熟和應用發展，市場將持續增長。北美將保持主導地位，主要受益於強大的研究基礎設施和生物技術行業。然而，由於市場趨於飽和，增速可能有所放緩。

　　亞太地區預計在 2030 年前呈現最高增長，市場規模或將翻倍。這得益於中國和印度的政策支持和大規模投資。這些國家的生物技術產業發展和研究能力漸強，將帶來創新機會和市場擴展。

挑戰與機遇

儘管基因調控市場潛力巨大，但未來仍面臨挑戰與機遇。監管障礙是市場增長的重要挑戰，基因療法和編輯產品的監管框架仍在演變，不同地區間的規範差異，增加了全球擴張的難度。如何平衡技術創新與安全保障，會導致審批程序延長。倫理問題也值得關注，**特別是涉及人類胚胎編輯的基因增強和遺傳改造，對社會平等的影響引發爭議，教育和公眾參與是解決之道。**

技術挑戰包括提高基因編輯的效率和開發更有效的遞送方式，解決這些問題是推動技術應用的關鍵。高成本也限制了技術的普及，尤其在發展中國家。降低成本必須靠技術創新、規模效應和新商業模式實現。

此外，基因調控技術與其他領域的整合，如人工智能和奈米技術，為應用拓展提供更多可能。AI 可優化基因編輯設計，提高精確性和效率；奈米技術則改善基因遞送；個性化醫療趨勢，進一步推動基因調控技術在診斷、治療和預後中的應用，提升治療效果並降低副作用和醫療成本。隨著技術成熟，解決挑戰與抓住機遇，將是推動市場全面發展的關鍵。

第 10 章

基因科技的未來趨勢

新興基因研究領域

在過去的幾十年裡，基因科技的快速發展，已經澈底改變了人類對生命的理解和醫療的治療方式。隨著基因組學、基因編輯技術以及合成生物學的進步，科學家們能夠以前所未有的精確度解析人類基因組，並探索其在健康與疾病中的作用。這一領域的突破不僅促進了新藥的研發，也為個性化醫療的實現帶來機會，使得患者能夠根據自身的基因特徵，接受量身定做的治療方案，不僅提升了治療效果，也顯著降低副作用，而改變了傳統醫療模式。

基因科技的影響力不止於此。它在生物技術產業中引發了一場革命，催生出一系列新的商業模式和應用場景。例如，合成生物學使得科學家能夠設計和構建全新的生物系統，這不僅改變了製藥行業，也為農業、環境保護等領域提供了創新的解決方案。隨著基因編輯技術，如 CRISPR/Cas9 的普及，許多曾經被視為科幻的理念，如改造作物以提高產量或抵抗病蟲害，現在已經變得觸手可及。

在這樣一個快速變化的背景下，新興基因研究領域的重要性愈加凸顯。這些領域不僅包括對於人類健康的新理解，還涵蓋了如何利用基因科技解決當前全球面臨的重大挑戰，如氣候變遷、食品安全和公共衛生問題。隨著技術的不斷進步和應用範圍的擴大，相信基因科技將在促進人類福祉、推動社會進步方面，將發揮更大的作用。

精準醫療的興起

隨著科技的進步，精準醫療的概念逐漸成為現代醫學的重要趨勢。這一醫療模式的核心在於根據個體的基因組特徵，量身打造治療方案。傳

統醫學依賴於「一致性、標準化」的治療方式，對所有患者給予相同的治療，而精準醫療則考慮到每位患者的遺傳背景、生活方式及環境因素，從而選擇最適合病情的藥物和治療方法。**這種個性化的治療方式不僅提高了治療效果，還能有效減少副作用，讓患者獲得更好的健康管理體驗。**

在精準醫療的發展中，基因編輯技術，如 CRISPR/Cas9，無疑是最具革命性的技術之一。這項技術允許科學家精確地修改 DNA 序列，使得針對遺傳疾病的治療成爲可能。例如，透過 CRISPR 技術，科學家能夠修復導致某些遺傳病的突變基因，而從根本上解決問題。此外，蛋白質降解劑（如 PROTAC）和 CAR-T 細胞療法等新興技術，也在快速發展中。PROTAC 能夠靶向降解特定蛋白質，而 CAR-T 細胞療法則利用患者自身的免疫細胞來攻擊癌細胞。**這些創新技術不僅提升了治療效果，也爲許多難治性疾病帶來了新的希望。**

隨著精準醫療技術的不斷成熟，其市場潛力也日益顯現。根據市場研究報告，全球精準醫療市場預計將在未來幾年內以驚人的速度增長。預計在 2025 年，全球精準醫療市場規模將達到 108 億美元，其中精準醫療相關產品的需求顯著上升，尤其是在癌症、心血管疾病及代謝疾病等領域，精準醫療技術的應用正在改變傳統治療模式。隨著越來越多的新藥進入市場，以及對個性化治療需求的增加，製藥公司正積極投入資源開發針對特定基因型的藥物，以滿足患者個別差異的需求。

　　但是，在推動精準醫療發展的同時，生技業和醫學界也面臨著一些挑戰。例如，如何確保基因數據的安全性與隱私保護；如何平衡科技進步與倫理問題等，都需要在未來進一步探討和解決。此外，由於精準醫療涉及跨學科知識，包括基因組學、生物資訊學及臨床醫學等，因此促進不同領域間的合作與交流，將是推動其發展的重要因素。

　　精準醫療不僅是未來醫學的一大趨勢，更是提升人類健康水準的重要途徑，期待看到更多創新技術在臨床實踐中的應用，以及其對全球健康產業帶來的深遠影響。

合成生物學的創新

　　合成生物學（synthetic biology）的創新是當前生物技術領域中最具潛力的研究趨勢之一。這一跨學科的領域結合了生物學、基因組學和工程學，旨在設計和構建新的生物系統或改造現有系統，以解決各種人類面臨的挑戰。合成生物學不僅是對自然界的模仿，更是對生命本質的重塑。科學家們透過編寫基因組，創造出具備特定功能的微生物。這些微生物如同精密的機器，能在醫療、環境保護及能源生產等多個領域發揮重要作用。

　　在應用範疇方面，合成生物學的潛力讓人充滿期待。首先，新型基

因工程細菌療法正在快速發展。這些基因改造的細菌可以被設計成能夠產生特定藥物或治療性蛋白質，從而用於治療癌症、糖尿病等疾病。例如，研究人員已經成功開發出能夠針對癌細胞釋放藥物的細菌。這種方法不僅提高了治療效果，也減少了對健康細胞的損害。此外，合成生物學還能夠幫助解決傳統製藥過程中的一些挑戰，**如提高藥物的穩定性和可產量，使得一些難以大量生產的藥物變得可行。**

合成生物學將成為未來幾年內增長最快的市場之一，這一增長主要受到製藥行業對新型療法需求增加、環保技術研發以及食品安全等問題所帶動。隨著技術的不斷進步和應用範圍的擴大，合成生物學將為人們提供更多創新的解決方案，有助於應對當前全球面臨的一系列挑戰。

合成生物學的發展也伴隨著一些挑戰和倫理問題。例如，在設計和使用基因改造生物時，必須考慮其對環境和人類健康可能造成的影響。此外，如何確保這些技術不被濫用，也是科學界和社會需要共同面對的重要課題。因此，在推動合成生物學研究與應用的同時，必須加強相關法律法規的制定與執行，以確保科技進步能夠在安全和可持續的架構下進行。

合成生物學作為一個充滿潛力的新興領域，不僅為醫療、環境及工業等多個領域帶來了革命性的變革，也促使人類重新思考生命科學的未來。隨著研究的不斷深入，未來期待看到更多創新成果問世，並希望這些成果能夠真正改善人類生活質量。

基因科技對未來社會的可能影響

面對科學技術的迅速發展，基因科技的未來**趨勢**正逐漸成為全球關注的焦點。基因科技不僅改變了人類對生命的理解，還深刻影響著醫療、農業、環境保護等多個領域。未來的基因科技將不再僅僅是基因組學的研究，而是融合了人工智慧、數據科學和合成生物學等多學科的綜合體系。這種**趨勢**的重要性，在於它能夠提供更為精確和個性化的解決方案，進而提升人類健康水準和生活品質。因此，持續的研究和創新是推動基因科技進步的關鍵。

基因編輯技術延緩衰老

隨著人類壽命的延長，抗衰老研究成為了科學界的重要課題。基因科技在這一領域同樣展現出巨大的潛力。研究表明，衰老過程中，某些基因的表現會發生變化，而這些變化和多種與年齡相關的疾病（如心血管疾病、糖尿病和阿茲海默症）有關。因此，透過調控這些基因的表現，有望延緩衰老過程並改善健康狀態。

例如，一些科學家正在探索如何利用基因編輯技術來增加端粒酶（telomerase）的活性，以延長細胞壽命。端粒是位於染色體末端的一段 DNA 序列，其長度與細胞分裂次數密切相關。隨著細胞分裂次數增加，端粒逐漸縮短，最終導致細胞衰老和死亡。**如果能夠有效地增加端粒酶活性，有可能延緩衰老過程，提高生活品質。**

基因科技在農業領域的應用同樣引人注目。透過基因改造技術，科學家能夠培育出抗病蟲害、耐旱或高產的作物，這對於應對全球糧食危機具有重要意義。然而，這也引發了消費者對於基因編輯食品安全性的擔

憂，以及對生物多樣性可能造成影響的討論。例如，**某些基因改造作物（genetically modified crops, GM crops）可能會對生態系統造成不可逆轉的影響，進而影響到整個食物鏈。**因此，在推廣這些技術時，我們必須謹慎考慮其長期影響，並進行充分的風險評估。

跨領域合作發揮各自優勢

　　基因科技涉及生物學、醫學、工程學、計算機科學等多個領域，只有透過不同專業間的合作，才能夠充分發揮各自的優勢，加速技術轉化與應用。例如，在藥物研發中，生物學家可以與數據科學家合作，共同分析大量基因數據，以識別潛在的新靶點；而工程師則可以設計出更高效的生產流程，以提高新藥的產量和品質。這種跨領域合作不僅能夠促進創新，也能夠加速技術的商業化進程，使得更多的創新成果能夠快速轉化為實際應用。

　　此外，基因科技可能挑戰對生命本質和倫理道德的理解。隨著人類逐漸具備改變自身基因組成的能力，我們不得不重新思考「人類」這一概念的定義。當可以選擇下一代的某些特徵時，生命的意義是否會因此而改變？這不僅是科學問題，更是哲學和倫理問題。許多國家已經開始進行關於基因科技倫理與法律框架的研究，以確保在發展技術的同時，不會損害社會公正和人權。

　　基因科技還可能對人類尊嚴和主體性造成威脅。當我們可以操控生命的基本組成時，人類是否會失去自身的獨特性？**基因改造技術可能導致人類被物化，個人的價值不再是內在的，而是被視為可被編輯和改造的對**

象。這種情況下,人們的自主性和獨特性將受到侵害,甚至可能導致人權問題的出現。

推動基因科技倫理法規

在未來,基因科技可能會導致一個新的「基因階級」的出現。富有家庭能夠負擔得起基因編輯和改造的費用,在健康、智力和外貌等方面獲得優勢,但貧困家庭則可能無法享受這些科技帶來的好處,進一步加劇社會的不平等。此外,基因資訊的商業化也可能引發隱私問題。保險公司和雇主可能利用個人的基因資料,來決定保險費率或聘用資格,這將對個人自由和隱私造成嚴重侵害。

隨著基因科技的不斷進步,各國政府和國際組織開始重視其潛在影響。許多國家已經開始推動針對基因科技的倫理、法律與社會意涵（ELSI）研究,以確保科技發展不會損害社會公正。例如,美國成立了國家生物倫理諮詢委員會（National Bioethics Advisory Commission,簡稱

NBAC），以討論基因科技帶來的倫理與法律問題。基因歧視是指根據個體的基因資訊對其進行不公正待遇，如在保險、就業等方面。為了防止這種現象，許多國家已經開始制定反歧視法規，以保障所有人在基因資訊方面享有平等待遇。例如，美國於 2008 年通過了《遺傳資訊非歧視法》（GINA），禁止雇主和健康保險公司根據個體的遺傳資訊進行歧視。

國際間也逐漸形成了針對基因科技的法律與倫理架構。在這方面，聯合國及世界衛生組織等機構已經開始制定相關指導原則，以促進各國在基因科技發展中的合作與共識。例如，聯合國教科文組織提出了「人類基因組與人權全球宣言」，旨在確保科技發展不會侵犯基本人權。這些政策明確傳達出，面對基因科技帶來的衝擊，我們必須採取主動應對措施，以確保未來社會能夠在科技進步中保持人性與尊嚴。

提高對基因科技影響認識

因此，持續研究和創新在這一領域顯得更為重要。我們需要建立一個全面的法律和倫理架構，以確保基因科技的應用不會損害社會公正與人權。這包括制定規範來保護個人的基因隱私權，以及防止基因歧視的法律措施。此外，公共政策應該促進公平獲取基因科技資源，以確保所有社會成員都能受益於這些技術，而不僅僅是少數富裕階層。

基因科技未來的發展充滿了無限可能，但也面臨著挑戰，要實現這些美好的願景，必須謹慎面對潛在風險。基因科技的發展必須建立在堅實的倫理和法律框架之上，以確保科技進步不會對社會公正與人權造成影響。

基因科技未來的發展充滿了機遇與挑戰。需要不斷投入資源以促進研究與創新，同時加強跨領域合作，以推動技術進步。只有透過這樣的努力，才能確保基因科技真正服務於全人類，為未來帶來更美好的生活。

全球基因科技的發展趨勢

基因技術的快速發展催生了多項創新趨勢。CRISPR 基因編輯技術不斷演進，例如原始編輯和基因基本編輯這樣的新變體，提高了編輯精確性和應用範圍，使基因修改更靈活與準確。

單細胞基因組學技術進步，提供了細胞異質性及基因表現的深入見解，特別適合研究複雜組織和疾病；空間轉錄組學將單細胞解析與空間訊息結合，使研究人員能夠了解細胞在組織內的分布和互動；多組學整合技術能同步分析單細胞基因組、轉錄組和表觀基因組，為細胞功能的全面藍圖奠定基礎。

長讀取定序技術，如 Pacific Biosciences 和 Oxford Nanopore，使基因組結構解析更深入，尤其是重複元素和結構變異的分析；表觀基因組編輯技術的發展允許精確修改表觀遺傳標記，如 DNA 甲基化和組蛋白修飾，進一步推動基因調控研究，並開啟表觀遺傳療法的新方向；合成生物學的進步擴展了基因技術的應用，使研究人員能設計自定義功能的基因迴路和人工微生物，應用於生物燃料、生態修復和生物傳感器的開發，展示出技術整合在醫學和生物技術中的潛力。

臨床應用與治療開發

基因技術逐步進入臨床應用，推動醫療創新。基因療法的發展尤為突出，針對遺傳疾病的療法正處於臨床試驗階段，並有多項獲批。技術進步提升了療法的有效性和安全性，特別是在遞送方法上，如改進的病毒載體和非病毒策略。新型遞送系統包括納米顆粒和脂質體，並已開發出能靶向特定組織的載體，擴展了基因療法在神經退化性疾病和代謝紊亂等疾病

中的應用。

　　CAR-T 細胞療法在癌症治療中展現潛力，透過基因改造患者免疫細胞來攻擊癌細胞，已在多種血液癌症中顯示良好效果。目前研究致力於提升療法效力，並探索其在固體腫瘤中的應用。新進展包括雙特異性和多特異性 CAR-T 細胞的開發，以及結合檢查點抑制劑的策略。**異體 CAR-T 細胞療法則力求推出現成產品，以減少個體化治療的時間和成本。**

　　人類胚胎基因編輯雖具爭議，仍在一些國家進行研究，旨在預防遺傳疾病。此領域面臨嚴格監管與倫理挑戰，研究重點在於提高編輯技術的安全性和精確性，並探索配子基因編輯作為替代方案。基於 RNA 的療法因 COVID-19 疫苗的成功而引發廣泛關注，推動 RNAi 和反義寡核苷酸在多種疾病治療中的研究。改進 RNA 穩定性和遞送效率的技術迅速發展，mRNA 療法在疫苗和蛋白質替代治療中的應用日益擴大。

全球研究倡議與合作

　　基因技術的進展受國際合作和大型研究計劃推動，帶來新視角和資源。人類細胞圖譜計劃旨在繪製所有人類細胞的綜合參考圖，運用單細胞定序和空間轉錄組學技術，以高分辨率揭示各組織細胞組成，推動疾病診斷和治療創新。此計劃的數據已應用於癌症和免疫疾病診斷工具的開發，為個性化醫療奠定了基礎。

　　地球生物基因組計劃旨在定序所有真核生物基因組，探索生物多樣性和演化，支持生態保護並促進生物技術創新。最新進展包括提升採樣技術和基因組組裝，這些改進擴大了生命科學的應用範疇。

全球基因組與健康聯盟致力於推動基因組與臨床數據的國際共享，促進人類健康。該聯盟開發標準化數據共享協議和倫理框架，並建設安全的數據平台，採用人工智能解釋基因組變異。這種協作模式提升了疾病診斷準確性和個性化治療的發展。

亞洲 10 萬人基因組計劃專注於定序 10 萬名亞洲人基因組，以揭示遺傳多樣性和疾病易感性。這項計劃有助於開發適合亞洲人群的診斷工具和治療方案，並探索基因與環境的互動和特有遺傳疾病。

這些合作和研究計劃共同推動了基因技術發展，加速精準醫療和生物科學突破。

倫理、法律和社會影響

基因技術的快速發展伴隨重要的倫理和社會問題，尤其是人類胚胎基因編輯引發的道德爭議。全球對技術的研究方向與監管策略的討論持續進行，重點關注基因增強、代際影響和社會公平性。如何平衡科學進步與

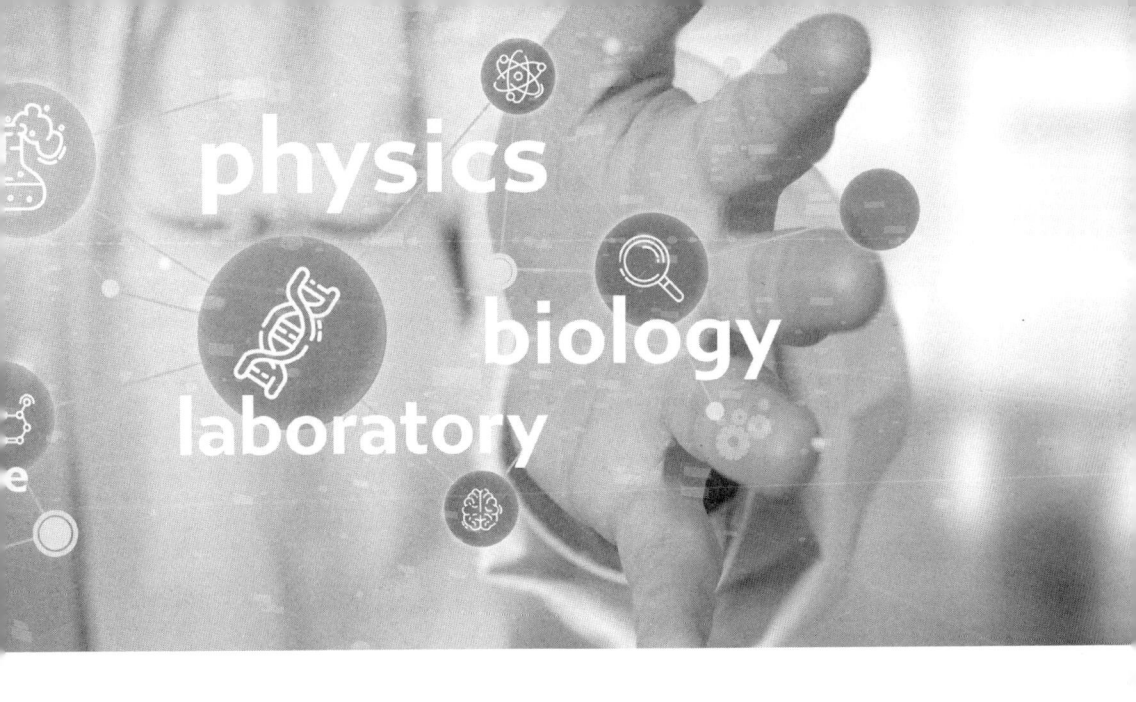

倫理考量，確保基因編輯負責任應用，是當前的主要課題，在學術和政策制定領域引起廣泛關注。

　　監管挑戰是另一關鍵考量。全球監管機構須調整應對技術快速變化，更新臨床試驗指導方針和基因療法審批程序，以確保安全和道德使用。部分機構正採用更靈活的適應性監管策略，平衡創新推動與風險控制，促進新療法的開發與應用。

　　基因數據在醫療應用中的廣泛使用讓隱私和安全成為重點問題。如何設計安全的存儲和共享系統，制定嚴格數據使用政策，是當前的挑戰。區塊鏈技術的應用和去識別化技術的推廣，加強數據保護並減少訊息洩露風險，同樣十分重要。

　　公平與可及性是基因技術推廣中的挑戰，必須確保全球都能受益，尤其是發展中國家。國際間正在探討如何降低基因療法成本，創建全球合作機制促進技術轉移。最新倡議包括設立基金支持發展中國家基因研究，並開發適用於低資源環境的診斷工具。隨著技術不斷成熟，增進公眾對基因技術的了解與接受度的教育，也成為促進技術應用和政策制定的關鍵。

基因調控專有名詞——中英文對照表

中文	英文
腺嘌呤	adenine
胺基酸	amino acid
胺醯 tRNA	aminoacyl-tRNA
抗體	antibody
給藥	adminstration
脂肪細胞	adipocyte
肌動蛋白	actin
轉接蛋白	adaptor protein
二磷酸腺苷	adenosine diphosphate, ADP
三磷酸腺苷	adenosine triphosphate, ATP
黃麴毒素 B1	aflatoxin B1, AFB1
軸突	axon
自噬	autophagy
細胞凋亡	apoptosis
抗凋亡效應	anti-apoptotic effects
血管生成	angiogenesis
活化蛋白 1	activating protein-1, AP-1
共濟失調微血管擴張症突變蛋白	ataxia-telangiectasia mutated, ATM
AU 富集元件	AU-rich element, ARE
抗氧化劑	antioxidants
抗壞血酸	ascorbic acid
阿茲海默症	Alzheimer's disease
花生四烯酸	arachidonic acid, AA/ARA
阻礙子	blocker
鹼基	base
鹼基對	base pairs
嗜菌體	bacteriophage
苯并 [a] 芘	benzo(a)pyrene, BaP
乳癌	breast cancer
黑大蒜萃取物	black garlic extract
胞嘧啶	cytosine

中文	英文
染色體	chromosome
染色質重塑	chromatin remodeling
作用子	cistron
常間回文重複序列叢集關聯蛋白	clustered regularly interspaced short palindromic repeat/ CRISPR associated protein 9, CRISPR/Cas9
心肌細胞	cardiac muscle cell
CpG 島	CpG island
冠層三同源蛋白	canopy FGF signaling regulator 3, CNPY3
cAMP 反應元件結合蛋白	cyclic AMP response element-binding protein, CREB
複合體	complex
癌症易感性	cancer susceptibility
癌症幹細胞	cancer stem cell
編碼序列	coding sequence
級聯反應	cascades
拷貝數變異	copy number variations, CNV
結腸直腸癌	colorectal cancer
細胞增殖	cell proliferation
細胞衰老	cellular senescence
細胞因子	cytokine
細胞質尾端片段	cytoplasmic tail
週期蛋白依賴性激酶	cyclin-dependent kinases, CDK
檢查點	checkpoint
心血管系統	cardiovascular system
羧基	carboxyl
黏連蛋白	cohesin
無帽依賴	cap-independent
薑黃素	curcumin
CD36 基因	cluster of differentiation 36
過氧化氫酶	catalase, CAT
慢性阻塞性肺病	chronic obstruction pulmonary disease, COPD
CDGSH 鐵硫域含蛋白 2	CDGSH iron sulfur domain 2, CISD2

211

中文	英文
細胞週期蛋白 A	cyclin A
細胞內穩態	cellular homeostasis
兒茶素	catechin
絲粒	centromere
去氧核糖核酸	deoxyribonucleic acid, DNA
雙股螺旋	double helix
DNA 甲基化	DNA methylation
DNA 甲基轉移酶	DNA methyltransferases, DNMTs
去甲基化	demethylation
去甲基化酶	demethylase
去泛素化酶	deubiquitination enzymes, DUBs
降解	degradation
酪胺酸激酶下游蛋白 5	downstream of tyrosine kinase 5
對接蛋白 5	docking Protein 5
結構域	domain
雙硫鍵	disulfide bond
樹突細胞	dendritic cells
雙加氧酶	dioxygenases
二十二碳六烯酸	docosahexaenoic acid, DHA
增強子	enhancer
外顯子	exon
表現	expression
真核生物	eukaryote
外源性	external
表皮細胞	epidermal cell
表皮生長因子	epidermal growth factor, EGF
表觀遺傳修飾	epigenetic modifications
細胞外訊息調節激酶	extracellular signal-regulated kinase, ERK
內皮細胞	endothelial cell
上皮間充質轉化	epithelial-mesenchymal transition, EMT
紅血球先驅細胞	erythroid precursors
親電性化合物	electrophiles
環境壓力	environmental stress
內質網	endoplasmic reticulum, ER

中文	英文
二十碳四烯酸	eicosatetraenoic acid, ETA
二十碳五烯酸	eicosapentaenoic acid, EPA
5' 端帽	five prime cap
反饋調節	feedback regulation
反饋迴路	feedback loops
自由基	free radicals
鐵死亡	ferroptosis
類黃酮	flavonoids
游離脂肪酸	free fatty acids, FFA
鳥嘌呤	guanine
遺傳訊息	genetic information
鳥苷	guanosine
醣化	glycation
基因編輯	gene editing
基因療法	gene therapy
合成基因	gene synthesis
基因靜默	gene silencing
G 蛋白偶聯受體	G protein-coupled receptor, GPCR
三磷酸鳥苷	guanosine triphosphate, GTP
二磷酸鳥苷	guanosine diphosphate, GDP
苷胺酸-氮-甲基轉移酶	glycine N-methyltransferase, GNMT
GSTM1 基因	glutathione S-transferase mu 1
穀胱甘肽	glutathione, GSH
甘胺酸	glycine
生長因子	growth factor
糖質新生	gluconeogenesis
糖原	glycogen
生長因子訊息路徑	growth factor signaling pathways
原腸化	gastrulation
胚層	germ layer
基因間相互作用	gene-gene interaction
葡萄籽萃取物	grape seed extract
氫鍵	hydrogen bond
髮夾結構	hairpin structure

中文	英文
組蛋白	histone proteins
組蛋白變異體	histone varient
組蛋白修飾	histone modifications
組蛋白乙醯化	histone acetylation
組蛋白乙醯轉移酶	histone acetyltransferases, HATs
組蛋白去乙醯酶	histone deacetylases, HDACs
雜交	hybridization
同源性	homology
異質性核核糖核蛋白	heterogeneous nuclear ribonucleoprotein, hnRNP
橙皮素	hesperietin
高密度脂蛋白	high-density lipoprotein, HDL
內含子	intron
胰島素	insulin
胰島素受體	insulin receptors
胰島素受體受質 6	insulin receptor substrate 6, IRS6
誘導型多能幹細胞	induced pluripotent stem cell
異丙基-β-D-硫代半乳糖苷	isopropyl β-D-1-thiogalactopyranoside, IPTG
免疫組織化學染色法	immunohistochemistry, IHC
免疫系統	immune system
免疫監視	immune surveillance
免疫療法	immunotherapy
異構體	isoforms
發炎反應	inflammatory response
抑制劑	inhibitors
內部核糖體進入位點	internal ribosome entry site, IRES
失活	inactivation
角蛋白	keratin
腎小球和腎小管細胞	kidney glomeruli and tubules cells
晚期核內體	late endosome
乳糖操作子	lac operon
乳糖消化	lactose operon
乳糖酶	lactase
慢病毒	lentivirus
配體	ligands

中文	英文
凝集素親和層析技術	lectin affinity chromatography
離胺酸羥化酶	lysyl hydroxylase
低密度脂蛋白	low-density lipoprotein, LDL
酯多醣	lipopolysaccharide, LPS
白三烯	leukotriene, LT
分子雜交	molecularhybridization
移動基因	mobile genetic
基因突變	mutation
甲基化	methylation
B 細胞	memory B cell
肌凝蛋白	myosin
肌纖維	muscle fiber
雷帕黴素靶蛋白	mammalian target of rapamycin, mTOR
促分裂原活化蛋白激酶	mitogen-activated protein kinase, MAPK
成熟神經元	mature neurons
粒線體	mitochondria
基質金屬蛋白酶	matrix metalloproteinases
膜拓樸	membrane topology
膜電位	membrane potential
形態發生	morphogenesis
骨骼肌增強因子 2C	myocyte enhancer factor 2C, MEF2C
小膠質細胞	microglia
單加氧酶	monooxygenases
β- 甘露糖苷酶	mannosidase beta, MANBA
線蟲	Nematoda
自然殺手細胞	natural killer cell
神經生長因子	nerve growth factor, NGF
神經營養因子	neurotrophin, NT
神經營養因子受體	neurotrophic factor receptors
神經嵴	neural crest
神經突	neurite
神經元	neuronal
神經前驅細胞	neural progenitor cells

中文	英文
核因子活化 B 細胞 κ 輕鏈增強子	nuclear factor kappa-light-chain-enhancer of activated B cells, NF-KB
細胞核因子 -kB 亞基 1	nuclear factor kappa B subunit 1, NFKB1
營養缺乏自噬因子 -1	nutrition-deprivation autophagy factor-1, NAF-1
無義媒介降解	nonsense-mediated decay, NMD
非酒精性脂肪肝	nonalcoholic fatty liver disease, NAFLD
直系同源	orthologues
骨細胞	osteocyte
卵巢癌	ovarian cancer
氧化低密度脂蛋白	oxidized LDL, oxLDL
氧化磷脂	oxidized phospholipid, OxPL
氧化壓力	oxidative stress
Omega-3 脂肪酸	omega-3 fatty acids, O3FA
磷酸	phosphoric acid
磷酸化	phosphorylation
磷酸鍵	phosphate ester bond
五碳醣	pentose
偽結結構	pseudoknot
聚合酶	polymerase
聚合酶連鎖反應	polymerase chain reaction, PCR
脯胺酸羥化酶	prolyl hydroxylase
啓動子	promotor
引子	primer
假基因	pseudogenes
多肽鏈	polypeptide chain
病原體、毒素	pathogen
原核生物體	prokaryote
質體	plasmid
嘧啶	pyrimidine
嘌呤	purine
多環芳香烴	polycyclic aromatic hydrocarbons, PAH
轉譯後修飾	post-translational modification, PTM
多態性	polymorphisms
普列克底物蛋白同源結構域	pleckstrin homology domain, PH domain
磷酸酪胺酸結構域	phosphotyrosine-binding domain, PTB

中文	英文
蛋白激酶 B	protein kinase B, PKB
胰臟	pancreas
計畫性細胞死亡	programmed cell death
促凋亡因子	pro-apoptotic factors
前驅細胞	progenitor cell
P 小體	pocessing bodies, P-bodies
胡椒鹼	piperine
胰臟 β 細胞	pancreatic β-cells
色素上皮細胞	pigment epithelium cells
過氧化物酶體增殖物活化受體 γ	peroxisome proliferator-activated receptor gamma, PPAR γ
過氧化物酶體膜蛋白	peroxisomal membrane proteins
核受體蛋白	peroxisome proliferator-activated receptor, PPARs
個人化醫療	personalized medicine
藥物基因體學	pharmacogenomics
多元不飽和脂肪酸	polyunsaturated fatty acids, PUFAs
帕金森氏症	Parkinson's disease
細胞核抗原	proliferating cell nuclear antigen, PCNA
前列腺素	prostaglandin, PG
保護素	protectins
多形核白血球	polymorphonuclear leukocytes
定量即時聚合酶連鎖反應	quantitative real time PCR, qPCR
復性	renaturation
核糖核酸	ribonucleic acid, RNA
調節基因	regulator gene
核糖體	ribosome
轉錄酶	RNA polymerase
抑制子	repressor
受體酪胺酸激酶	receptor tyrosine kinase, RTK
轉染重排受體	rearranged during transfection receptor, RET receptor
調控元件	regulatory element
視網膜外皮細胞	retinal pericytes
視網膜母細胞瘤蛋白	retinoblastoma protein, Rb
視紫質	rhodopsin
活性氧物質	reactive oxygen species, ROS

中文	英文
紅藻萃取物	red algae extract
緩解因子	resolvins
類風濕性關節炎	rheumatoid arthritis, RA
減少氧化壓力	reduction of oxidative stress, ROS
結構基因	structural gene
序列分析	sequence analysis
終止密碼子	stop codon
起使密碼子	start codon
靜默子	silencer
單鏈	single chain
幹細胞	stem cell
體細胞	somatic cell
自花授粉	self-pollination
S-腺苷甲硫胺酸	S-adenosyl methionine, SAM
S-腺苷-L-高半胱胺酸	S-adenosyl-L-homocysteine, SAH
S-甲基甲硫胺酸	S-methylmethionine, SMM
肌胺酸	sarcosine
單核苷酸多態性	single nucleotide polymorphisms, SNPs
特定酪胺酸殘基	specific tyrosine residues
突觸	synapse
衰老相關分泌表型	senescence-associated secretory phenotype, SASP
平滑肌細胞	smooth muscle cells
相撲蛋白修飾化	SUMOylation
絲胺酸/精胺酸豐富蛋白	serine/arginine-rich proteins
絲胺酸/蘇胺酸激酶	serine/threonine kinase
壓力顆粒	stress granules
水飛薊素	silymarin
酵母硒	*Saccharomyces cerevisiae*
乳腺特化上皮細胞	specialized epithelia of the breast
超氧化物歧化酶	superoxide dismutase, SOD
類泛素蛋白修飾分子	small ubiquitin-like modifier, SUMO
十八碳四烯酸	stearidonic acid, SDA
胸腺嘧啶	thymine

中文	英文
模板鏈	template strand
用進廢退說	theory of use and disuse
轉錄	transcription
轉錄因子	transcription factor
轉錄泡	transcription bubble
轉錄起始	transcription initiation
轉譯	translation
轉位子	transposable element
四聚體	tetramer
酪胺酸磷酸化	tyrosine phosphorylation
轉運蛋白	transpoter proteins
端粒	telomere
端粒酶	telomerase
血小板反應蛋白 I 型	thrombospondin type I repeats, TSRs
未折疊蛋白反應	the unfolded protein response, UPR
生育酚	tocopherols
生育三烯酚	tocotrienols
尿嘧啶	uracil
解旋	unwinding
3 端非轉譯區	3' untranslated region, 3' UTR
5 端非轉譯區	5' untranslated region, 5' UTR
泛素化	ubiquitination
泛素連接酶	ubiquitin ligase
泛素 - 蛋白酶體系統	ubiquitin-proteasome system, UPS
上游開放閱讀框	upstream open reading frames, uORFs
V（D）J 重組	V (D) J recombination
血管內皮生長因子	vascular endothelial growth factor, VEGF
血管重塑	vascular remodeling
維生素 C	vitamin C
維生素 E	vitamin E
沃夫然第二型症候群	Wolfram syndrome 2, WFS2

附錄 基因調控專有名詞——中英文對照表

參考文獻

第1章 基因結構與功能

◆ DNA 的基本結構

1. Ghosh A, Bansal M. A glossary of DNA structures from A to Z. Acta Crystallogr D Biol Crystallogr. 2003, 59 (Pt 4): 620-6.
2. Kosuri, S., Church, G. Large-scale de novo DNA synthesis: technologies and applications. Nat Methods 11, 499-507 (2014).
3. Watson J, Crick F. Molecular structure of nucleic acids; a structure for deoxyribose nucleic acid. Nature. 1953, 171 (4356): 737-8
4. Gilbert N, Allan J. Supercoiling in DNA and chromatin. Curr Opin Genet Dev. 2014 Apr;25(100):15-21.
5. Crick, F. Central dogma of molecular biology. (PDF). Nature. August 1970, 227 (5258): 561-3
6. Bartlett, John M. S.; Stirling, David. A Short History of the Polymerase Chain Reaction. PCR Protocols. New Jersey: Humana Press. 2003-08-01: 3-6.
7. Wang MD, Yin H, Landick R, Gelles J, Block SM. Stretching DNA with optical tweezers. Biophys J. 1997 Mar;72(3):1335-46.
8. Garibyan L, Avashia N. Polymerase chain reaction. J Invest Dermatol. 2013 Mar;133(3):1-4.

◆ 基因的組成與功能

1. Crick, F. Central dogma of molecular biology. (PDF). Nature. August 1970, 227 (5258): 561-3
2. Gilbert, Walter. Why genes in pieces. Nature. February 9, 1978, 271 (5645): 501.
3. Benzer S (1957). "The elementary units of heredity". In McElroy WD, Glass B. The Chemical Basis of Heredity. Baltimore, Maryland: Johns Hopkins Press. pp. 70-93
4. Huang, R., Zhou, PK. DNA damage repair: historical perspectives, mechanistic pathways and clinical translation for targeted cancer therapy. Sig Transduct Target Ther 6, 254 (2021).
5. Darwin C., Wallace A., On the Tendency of Species to form Varieties; and on the Perpetuation of Varieties and Species by Natural Means of Selection, Zoological Journal of the Linnean Society, Volume 3, Issue 9, August 1858, Pages 45-62
6. Jinek M, Chylinski K, Fonfara I, Hauer M, Doudna JA, Charpentier E. A programmable dual-RNA-guided DNA endonuclease in adaptive bacterial immunity. Science. August 2012, 337 (6096): 816-21.

◆ 轉錄與轉譯的基本過程

1. Haberle V, Stark A. Eukaryotic core promoters and the functional basis of transcription initiation. Nat Rev Mol Cell Biol. 2018 Oct;19(10):621-637.
2. Jonkers I, Lis JT. Getting up to speed with transcription elongation by RNA polymerase II. Nat Rev Mol Cell Biol. 2015 Mar;16(3):167-77.
3. Dever TE, Dinman JD, Green R. Translation Elongation and Recoding in Eukaryotes. Cold Spring Harb Perspect Biol. 2018 Aug 1;10(8):a032649.
4. Liang XH, Sun H, Nichols JG, Crooke ST. RNase H1-Dependent Antisense Oligonucleotides Are Robustly Active in Directing RNA Cleavage in Both the Cytoplasm and the Nucleus. Mol Ther. 2017 Sep 6;25(9):2075-2092.

5. Mann M, Jensen ON. Proteomic analysis of post-translational modifications. Nat Biotechnol. 2003 Mar;21(3):255-61. doi: 10.1038/nbt0303-255.
6. Gibney, E., Nolan, C. Epigenetics and gene expression. Heredity 105, 4-13 (2010).
7. Shengjiang Tu 1, Yu-Ching Teng, Chunhua Yuan, Ying-Ta Wu, Meng-Yu Chan, An-Ning Cheng, Po-Hsun Lin, Li-Jung Juan, Ming-Daw Tsai,The ARID domain of the H3K4 demethylase RBP2 binds to a DNA CCGCCC motif, Nat Struct Mol Biol. 2008 Apr;15(4):419-21.

第2章 基因調控概述

◆基因調控的定義與方式

1. Romero IG, Ruvinsky I, Gilad Y. Comparative studies of gene expression and the evolution of gene regulation. Nat Rev Genet. 2012 Jun 18;13(7):505-16.
2. Hoffman W, Lakkis FG, Chalasani G. B Cells, Antibodies, and More. Clin J Am Soc Nephrol. 2016 Jan 7;11(1):137-54.
3. Salhotra, A., Shah, H.N., Levi, B. et al. Mechanisms of bone development and repair. Nat Rev Mol Cell Biol 21, 696–711 (2020).
4. Jacob, F., D. Perrin, C. Sanchez, and J. Monod. 1960. L'operon: groupe de gène à expression par un operatour. C. R. Acad. Sci. 250:1727–1729.
5. Martire, S., Banaszynski, L.A. The roles of histone variants in fine-tuning chromatin organization and function. Nat Rev Mol Cell Biol 21, 522-541 (2020).
6. Hu, B., Zhong, L., Weng, Y. et al. Therapeutic siRNA: state of the art. Sig Transduct Target Ther 5, 101 (2020).
7. Cynthia E. Dunbar et al.,Gene therapy comes of age.Science359, eaan4672(2018).

◆調控的重要性

1. LeBien TW, Tedder TF. B lymphocytes: how they develop and function. Blood. 2008 Sep 1;112(5):1570-80.
2. Rees, A. R. (2020). Understanding the human antibody repertoire. mAbs, 12(1).
3. Schatz, D., Ji, Y. Recombination centres and the orchestration of V(D)J recombination. Nat Rev Immunol 11, 251-263 (2011).
4. Shahbazi MN. Mechanisms of human embryo development: from cell fate to tissue shape and back. Development. 2020 Jul 17;147(14)
5. Janet Rossant, Patrick P.L. Tam,Early human embryonic development: Blastocyst formation to gastrulation, Developmental Cell,Volume 57, Issue 2,2022,Pages 152-165
6. Shi, Y., Inoue, H., Wu, J. et al. Induced pluripotent stem cell technology: a decade of progress. Nat Rev Drug Discov 16, 115-130 (2017).

◆基因調控的歷史背景

1. McClintock B. Induction of Instability at Selected Loci in Maize. Genetics. 1953 Nov;38(6):579-99.
2. Santillán M, Mackey MC. Quantitative approaches to the study of bistability in the lac operon of Escherichia coli. J R Soc Interface. 2008 Aug 6;5 Suppl 1(Suppl 1):S29-39.

3. Zemach A, McDaniel IE, Silva P, Zilberman D. Genome-wide evolutionary analysis of eukaryotic DNA methylation. Science. 2010 May 14;328(5980):916-9.
4. Tost J (January 2010). "DNA methylation: an introduction to the biology and the disease-associated changes of a promising biomarker". Molecular Biotechnology. 44 (1): 71-81.
5. Auclair G, Guibert S, Bender A, Weber M. Ontogeny of CpG island methylation and specificity of DNMT3 methyltransferases during embryonic development in the mouse. Genome Biol. 2014;15(12):545.
6. Noushmehr H, Weisenberger DJ, Diefes K, Phillips HS, Pujara K, Berman BP, Pan F, Pelloski CE, Sulman EP, Bhat KP, Verhaak RG, Hoadley KA, Hayes DN, Perou CM, Schmidt HK, Ding L, Wilson RK, Van Den Berg D, Shen H, Bengtsson H, Neuvial P, Cope LM, Buckley J, Herman JG, Baylin SB, Laird PW, Aldape K; Cancer Genome Atlas Research Network. Identification of a CpG island methylator phenotype that defines a distinct subgroup of glioma. Cancer Cell. 2010 May 18;17(5):510-22.
7. Ishino Y, Shinagawa H, Makino K, Amemura M, Nakata A. Nucleotide sequence of the iap gene, responsible for alkaline phosphatase isozyme conversion in Escherichia coli, and identification of the gene product. J Bacteriol. 1987 Dec;169(12):5429-33.
8. Li, T., Yang, Y., Qi, H. et al. CRISPR/Cas9 therapeutics: progress and prospects. Sig Transduct Target Ther 8, 36 (2023).

◆如何調控基因？

1. Spitz, F., Furlong, E. Transcription factors: from enhancer binding to developmental control. Nat Rev Genet 13, 613-626 (2012)
2. Kong X, Yang M, Le BH, He W, Hou Y. The master role of siRNAs in plant immunity. Mol Plant Pathol. 2022 Oct;23(10):1565-1574.
3. Hu, B., Zhong, L., Weng, Y. et al. Therapeutic siRNA: state of the art. Sig Transduct Target Ther 5, 101 (2020).
4. Molteni M, Gemma S, Rossetti C. The Role of Toll-Like Receptor 4 in Infectious and Noninfectious Inflammation. Mediators Inflamm. 2016
5. Weis WI, Kobilka BK. The Molecular Basis of G Protein-Coupled Receptor Activation. Annu Rev Biochem. 2018 Jun 20;87:897-919.

第3章　GNMT 基因

◆ GNMT 基因在哪裡？

1. Simile MM, Latte G, Feo CF, Feo F, Calvisi DF, Pascale RM. Alterations of methionine metabolism in hepatocarcinogenesis: the emergent role of glycine N-methyltransferase in liver injury. Ann Gastroenterol. 2018 Sep-Oct;31(5):552-560.
2. The GeneCards Suite: From Gene Data Mining to Disease Genome Sequence Analyses (PMID: 27322403; Citations: 3,306)
3. Stelzer G, Rosen R, Plaschkes I, Zimmerman S, Twik M, Fishilevich S, Iny Stein T, Nudel R, Lieder I, Mazor Y, Kaplan S, Dahary, D, Warshawsky D, Guan - Golan Y, Kohn A, Rappaport N, Safran M, and Lancet D
4. Current Protocols in Bioinformatics(2016), 54:1.30.1-1.30.33
5. National Center for Biotechnology Information (NCBI)[Internet]. Bethesda (MD): National Library of Medicine (US), National Center for Biotechnology Information; [1988] - [cited 2024 Oct 10] Available from: https://www.ncbi.nlm.nih.gov/
6. Chen PM, Tsai CH, Huang CC, Hwang HH, Li JR, Liu CC, Ko HA, Chiang EI. Downregulation of

Methionine Cycle Genes MAT1A and GNMT Enriches Protein-Associated Translation Process and Worsens Hepatocellular Carcinoma Prognosis. Int J Mol Sci. 2022 Jan 1;23(1):481.
7. Pattanayek R, Newcomer ME, Wagner C. Crystal structure of apo-glycine N-methyltransferase (GNMT). Protein Sci. 1998 Jun;7(6):1326-31.

◆ GNMT 基因的作用

1. Rowling MJ, McMullen MH, Chipman DC, Schalinske KL. Hepatic glycine N-methyltransferase is up-regulated by excess dietary methionine in rats. J Nutr. 2002 Sep;132(9):2545-50.
2. Kerr, S.J., 1972. Competing methyltransferase systems. J. Biol. Chem. 247, 4248-4252.
3. Raha, A., Reddy, V., Houser, W., Bresnick, E., 1990. Binding characteristics of 4S PAH-binding protein and Ah receptor from rats and mice. J. Toxicol. Environ. Health 29, 339-355
4. Yen, C.H., Lin, Y.T., Chen, H.L., Chen, S.Y., & Chen, Y.M. A. (2013). The multi-functional roles of GNMT in toxicology and cancer. Toxicology and Applied Pharmacology, 266(1), 67-75.
5. Varela-Rey M, Martínez-López N, Fernández-Ramos D, Embade N, Calvisi DF, Woodhoo A, Rodríguez J, Fraga MF, Julve J, Rodríguez-Millán E, Frades I, Torres L, Luka Z, Wagner C, Esteller M, Lu SC, Martínez-Chantar ML, Mato JM. Fatty liver and fibrosis in glycine N-methyltransferase knockout mice is prevented by nicotinamide. Hepatology. 2010 Jul;52(1):105-14.
6. Liu GY, Sabatini DM. mTOR at the nexus of nutrition, growth, ageing and disease. Nat Rev Mol Cell Biol. 2020 Apr;21(4):183-203. doi: 10.1038/s41580-019-0199-y. Epub 2020 Jan 14. Erratum in: Nat Rev Mol Cell Biol. 2020 Apr;21(4):246.

◆ PGG 是什麼？

1. Chen RH, Yang LJ, Hamdoun S, Chung SK, Lam CW, Zhang KX, Guo X, Xia C, Law BYK, Wong VKW. 1,2,3,4,6-Pentagalloyl Glucose, a RBD-ACE2 Binding Inhibitor to Prevent SARS-CoV-2 Infection. Front Pharmacol. 2021 Mar 4;12:634176
2. Barreto JC, Trevisan MT, Hull WE, Erben G, de Brito ES, Pfundstein B, Würtele G, Spiegelhalder B, Owen RW. Characterization and quantitation of polyphenolic compounds in bark, kernel, leaves, and peel of mango (Mangifera indica L.). J Agric Food Chem. 2008 Jul 23;56(14):5599-610.
3. Kantapan J, Dechsupa N, Tippanya D, Nobnop W, Chitapanarux I. Gallotannin from Bouea macrophylla Seed Extract Suppresses Cancer Stem-like Cells and Radiosensitizes Head and Neck Cancer. Int J Mol Sci. 2021 Aug 26;22(17):9253.
4. Juang LJ, Sheu SJ, Lin TC. Determination of hydrolyzable tannins in the fruit of Terminalia chebula Retz. by high-performance liquid chromatography and capillary electrophoresis. J Sep Sci. 2004 Jun;27(9):718-24
5. Tu Z, Xu M, Zhang J, Feng Y, Hao Z, Tu C, Liu Y. Pentagalloylglucose Inhibits the Replication of Rabies Virus via Mediation of the miR-455/SOCS3/STAT3/IL-6 Pathway. J Virol. 2019 Aug 28;93(18):e00539-19.
6. Wen C, Dechsupa N, Yu Z, Zhang X, Liang S, Lei X, Xu T, Gao X, Hu Q, Innuan P, Kantapan J, Lü M. Pentagalloyl Glucose: A Review of Anticancer Properties, Molecular Targets, Mechanisms of Action, Pharmacokinetics, and Safety Profile. Molecules. 2023 Jun 19;28(12):4856.
7. Chai Y, Lee HJ, Shaik AA, Nkhata K, Xing C, Zhang J, Jeong SJ, Kim SH, Lu J. Penta-O-galloyl-beta-D-glucose induces G1 arrest and DNA replicative S-phase arrest independently of cyclin-dependent kinase inhibitor 1A, cyclin-dependent kinase inhibitor 1B and P53 in human breast cancer cells and is orally active against triple negative xenograft growth. Breast Cancer Res. 2010;12(5):R67.
8. Hu H, Zhang J, Lee HJ, Kim SH, Lü J. Penta-O-galloyl-beta-D-glucose induces S- and G(1)-cell cycle arrests in prostate cancer cells targeting DNA replication and cyclin D1. Carcinogenesis. 2009

May;30(5):818-23.

◆ PGG 對 GNMT 基因表現的影響

1. Oh GS, Pae HO, Oh H, Hong SG, Kim IK, Chai KY, Yun YG, Kwon TO, Chung HT. In vitro antiproliferative effect of 1,2,3,4,6-penta-O-galloyl-beta-D-glucose on human hepatocellular carcinoma cell line, SK-HEP-1 cells. Cancer Lett. 2001 Dec 10;174(1):17-24.
2. Martínez-Chantar ML, Vázquez-Chantada M, Ariz U, Martínez N, Varela M, Luka Z, Capdevila A, Rodríguez J, Aransay AM, Matthiesen R, Yang H, Calvisi DF, Esteller M, Fraga M, Lu SC, Wagner C, Mato JM. Loss of the glycine N-methyltransferase gene leads to steatosis and hepatocellular carcinoma in mice. Hepatology. 2008 Apr;47(4):1191-9.
3. Simile MM, Latte G, Feo CF, Feo F, Calvisi DF, Pascale RM. Alterations of methionine metabolism in hepatocarcinogenesis: the emergent role of glycine N-methyltransferase in liver injury. Ann Gastroenterol. 2018 Sep-Oct;31(5):552-560.
4. Kant, R., Yen, CH., Hung, JH. et al. Induction of GNMT by 1,2,3,4,6-penta-O-galloyl-beta-D-glucopyranoside through proteasome-independent MYC downregulation in hepatocellular carcinoma. Sci Rep 9, 1968 (2019).
5. Kant R, Yen CH, Lu CK, Lin YC, Li JH, Chen YM. Identification of 1,2,3,4,6-Penta-O-galloyl-β-d-glucopyranoside as a Glycine N-Methyltransferase Enhancer by High-Throughput Screening of Natural Products Inhibits Hepatocellular Carcinoma. Int J Mol Sci. 2016 May 4;17(5):669.

第 4 章　DOK5 基因

◆ DOK5 基因在哪裡？

1. NCBI Gene. DOK5 docking protein 5 [Homo sapiens (human)]. https://www.ncbi.nlm.nih.gov/gene/55816 (accessed September 15, 2024).
2. UniProtKB.Q9P104(DOK5_HUMAN). https://www.uniprot.org/uniprotkb/Q9P104/entry (accessed September 15, 2024).
3. Yasuoka, H., Yamaguchi, Y., and Feghali-Bostwick, C.A. (2014). The membrane-associated adaptor protein DOK5 is upregulated in systemic sclerosis and associated with IGFBP-5-induced fibrosis. PLoS One 9, e87754.
4. Gerhard, D.S., Wagner, L., Feingold, E.A., Shenmen, C.M., Grouse, L.H., Schuler, G., Klein, S.L., Old, S., Rasooly, R., Good, P., et al. (2004). The status, quality, and expansion of the NIH full-length cDNA project: the Mammalian Gene Collection (MGC). Genome Res. 14, 2121-2127.
5. Fagerberg, L., Hallström, B.M., Oksvold, P., Kampf, C., Djureinovic, D., Odeberg, J., Habuka, M., Tahmasebpoor, S., Danielsson, A., Edlund, K., et al. (2014). Analysis of the human tissue-specific expression by genome-wide integration of transcriptomics and antibody-based proteomics. Mol. Cell. Proteomics 13, 397-406.
6. Liu, X., Akula, N., Skup, M., Brotman, M.A., Leibenluft, E., and McMahon, F.J. (2010). A genome-wide association study of amygdala activation in youths with and without bipolar disorder. J. Am. Acad. Child Adolesc. Psychiatry 49, 33-41.
7. Gray, S.G., Al-Sarraf, N., Baird, A.M., Gately, K., McGovern, E., and O'Byrne, K.J. (2008). Transcriptional regulation of IRS5/DOK4 expression in non-small-cell lung cancer cells. Clin. Lung Cancer 9, 367-374.

◆ DOK5 基因的作用

1. Cai, D., Dhe-Paganon, S., Melendez, P.A., Lee, J., and Shoelson, S.E. (2003). Two new substrates in insulin signaling, IRS5/DOK4 and IRS6/DOK5. J. Biol. Chem. 278, 25323-25330.
2. Luo, F., Wang, Z., Chen, S., Luo, Z., Wang, G., Yang, H., and Tang, L. (2022). DOK5 as a Prognostic Biomarker of Gastric Cancer Immunoinvasion: A Bioinformatics Analysis. Biomed. Res. Int. 2022, 9914778.
3. Pan, Y., Zhang, J., Liu, W., Shu, P., Yin, B., Yuan, J., Qiang, B., and Peng, X. (2013). Dok5 is involved in the signaling pathway of neurotrophin-3 against TrkC-induced apoptosis. Neurosci. Lett. 553, 46-51.
4. Shi, L., Yue, J., You, Y., Yin, B., Gong, Y., Xu, C., Qiang, B., Yuan, J., Liu, Y., and Peng, X. (2006). Dok5 is substrate of TrkB and TrkC receptors and involved in neurotrophin induced MAPK activation. Cell Signal. 18, 1995-2003.
5. Tabassum, R., Mahajan, A., Chauhan, G., Dwivedi, O.P., Ghosh, S., Tandon, N., and Bharadwaj, D. (2010). Evaluation of DOK5 as a susceptibility gene for type 2 diabetes and obesity in North Indian population. BMC Med. Genet. 11, 35.
6. Wen, J., Xia, Q., Wang, C., Liu, W., Chen, Y., Gao, J., Gong, Y., Yin, B., Ke, Y., Qiang, B., et al. (2009). Dok-5 is involved in cardiomyocyte differentiation through PKB/FOXO3a pathway. J. Mol. Cell Cardiol. 47, 761-769.
7. Xu, L., Wu, J., Yu, Y., Li, H., Sun, S., Zhang, T., and Wang, M. (2022). Dok5 regulates proliferation and differentiation of osteoblast via canonical Wnt/β-catenin signaling. J. Musculoskelet. Neuronal Interact. 22, 113-122.
8. Yasuoka, H., Yamaguchi, Y., and Feghali-Bostwick, C.A. (2014). The membrane-associated adaptor protein DOK5 is upregulated in systemic sclerosis and associated with IGFBP-5-induced fibrosis. PLoS One 9, e87754.

◆如何調控 DOK5 基因？

1. Yuan-nan, K. (2009). MEF2C regulates DOK5 gene expression. J. Mol. Biol. 392, 784-795.
2. Zhang, L., Xie, Y., Li, X., Zhou, Y., Deng, Y., Yao, J., Sun, H., and Zhou, F. (2017). DNA methylation regulates the expression of DOK5 in non-small cell lung cancer. Cancer Lett. 392, 1-9.
3. Chen, Y., Wang, X., Zhang, L., and Li, H. (2017). Histone modifications and chromatin remodeling in the regulation of DOK5 gene expression. BMC Genomics 18, 1-12.
4. Kubo, N., Ishii, H., Xiong, X., Bianco, S., Meitinger, F., Hu, R., Hocker, J.D., Conte, M., Gorkin, D., Yu, M., et al. (2017). CTCF-mediated chromatin looping regulates DOK5 gene expression. Nucleic Acids Res. 45, 12345-12358.
5. Misteli, T. (2008). The concept of self-organization in cellular architecture. J. Cell Biol. 183, 1-8.
6. Goll, M.G., and Bestor, T.H. (2007). Epigenetic regulation of gene expression in development. Nat. Rev. Genet. 8, 81-92.
7. Yamamoto, M., Nomura, T., Hihara, E., Toyama, T., Ito, S., Sakamoto, Y., Abe, M., Sakimura, K., and Takebayashi, H. (2018). A distal enhancer of the DOK5 gene directs neuron-specific expression via long-range chromatin interactions. Nucleic Acids Res. 46, 983-997.
8. Cai, D., Dhe-Paganon, S., Melendez, P.A., Lee, J., and Shoelson, S.E. (2003). Two new substrates in insulin signaling, IRS5/DOK4 and IRS6/DOK5. J. Biol. Chem. 278, 25323-25330.
9. Wen, J., Xia, Q., Lu, C., Yin, L., Hu, J., Gong, Y., Yin, B., Monzen, K., Yuan, J., Qiang, B., et al. (2010). Dok-5 is involved in cardiomyocyte differentiation through PKB/FOXO3a pathway. J. Mol. Biol. 396, 163-174.
10. Li, X., Yang, H., Tian, Q., Liu, Y., and Weng, Y. (2015). MicroRNA-132 inhibits cell growth and

metastasis in osteosarcoma cell lines possibly by targeting Sox4. Int. J. Oncol. 47, 1672-1684.
11. Sato, M., Takahashi, K., Nagayama, K., Arai, Y., Ito, N., Okada, M., Minna, J.D., Yokota, J., and Kohno, T. (2011). Transcriptional Regulation of IRS5/DOK4 Expression in Non–Small-Cell Lung Cancer Cells. Clin. Lung Cancer 12, 275-282.
12. Grimm, J., Sachs, M., Britsch, S., Di Cesare, S., Schwarz-Romond, T., Alitalo, K., and Birchmeier, W. (2001). Novel p62dok family members, dok-4 and dok-5, are substrates of the c-Ret receptor tyrosine kinase and mediate neuronal differentiation. J. Cell Biol. 154, 345-354.

◆草本成分對 DOK5 基因表現的影響

1. Cai, D., Dhe-Paganon, S., Melendez, P.A., Lee, J., and Shoelson, S.E. (2003). Two new substrates in insulin signaling, IRS5/DOK4 and IRS6/DOK5. J. Biol. Chem. 278, 25323-25330.
2. Sato, M., Takahashi, K., Nagayama, K., Arai, Y., Ito, N., Okada, M., Minna, J.D., Yokota, J., and Kohno, T. (2011). Transcriptional Regulation of IRS5/DOK4 Expression in Non–Small-Cell Lung Cancer Cells. Clin. Lung Cancer 12, 275-282.
3. Grimm, J., Sachs, M., Britsch, S., Di Cesare, S., Schwarz-Romond, T., Alitalo, K., and Birchmeier, W. (2001). Novel p62dok family members, dok-4 and dok-5, are substrates of the c-Ret receptor tyrosine kinase and mediate neuronal differentiation. J. Cell Biol. 154, 345-354.
4. Zhao, B.S., Roundtree, I.A., and He, C. (2017). Post-transcriptional gene regulation by mRNA modifications. Nat. Rev. Mol. Cell Biol. 18, 31-42.
5. Wu, J., Li, Q., Wang, X., Yu, S., Li, L., Wu, X., Chen, Y., Zhao, J., and Zhao, Y. (2013). Neuroprotection by curcumin in ischemic brain injury involves the Akt/Nrf2 pathway. PLoS One 8, e59843.
6. Rivera, M., Ramos, Y., Rodríguez-Valentín, M., López-Acevedo, S., Cubano, L.A., Zou, J., Zhang, Q., Wang, G., and Boukli, N.M. (2017). Targeting multiple pro-apoptotic signaling pathways with curcumin in prostate cancer cells. PLoS One 12, e0179587.
7. Agarwal, R., Agarwal, C., Ichikawa, H., Singh, R.P., and Aggarwal, B.B. (2006). Anticancer potential of silymarin: from bench to bed side. Anticancer Res. 26, 4457-4498.
8. Fang, M.Z., Wang, Y., Ai, N., Hou, Z., Sun, Y., Lu, H., Welsh, W., and Yang, C.S. (2003). Tea polyphenol (-)-epigallocatechin-3-gallate inhibits DNA methyltransferase and reactivates methylation-silenced genes in cancer cell lines. Cancer Res. 63, 7563-7570.
9. Feher, J., and Lengyel, G. (2012). Silymarin in the prevention and treatment of liver diseases and primary liver cancer. Curr. Pharm. Biotechnol. 13, 210-217.

第5章 CISD2 基因

◆ CISD2 基因在哪裡？

1. Amr, S., Heisey, C., Zhang, M., Xia, X.J., Shows, K.H., Ajlouni, K., Pandya, A., Satin, L.S., El-Shanti, H., and Shiang, R. (2007). A homozygous mutation in a novel zinc-finger protein, ERIS, is responsible for Wolfram syndrome 2. Am. J. Hum. Genet. 81, 673-683.
2. Chen, Y.F., Kao, C.H., Chen, Y.T., Wang, C.H., Wu, C.Y., Tsai, C.Y., Liu, F.C., Yang, C.W., Wei, Y.H., Hsu, M.T., et al. (2009). Cisd2 deficiency drives premature aging and causes mitochondria-mediated defects in mice. Genes Dev. 23, 1183-1194.
3. Rouzier, C., Moore, D., Delorme, C., Lacas-Gervais, S., Ait-El-Mkadem, S., Fragaki, K., Burté, F., Serre, V., Bannwarth, S., Chaussenot, A., et al. (2017). A novel CISD2 mutation associated with a classical Wolfram syndrome phenotype alters Ca2+ homeostasis and ER-mitochondria interactions. Hum. Mol. Genet. 26, 1599-1611.

4. Wu, C.Y., Chen, Y.F., Wang, C.H., Kao, C.H., Zhuang, H.W., Chen, C.C., Chen, L.K., Kirby, R., Wei, Y.H., Tsai, S.F., and Tsai, T.F. (2012). A persistent level of Cisd2 extends healthy lifespan and delays aging in mice. Hum. Mol. Genet. 21, 3956-3968.
5. Stelzer, G., Rosen, N., Plaschkes, I., Zimmerman, S., Twik, M., Fishilevich, S., Stein, T.I., Nudel, R., Lieder, I., Mazor, Y., et al. (2016). The GeneCards Suite: From Gene Data Mining to Disease Genome Sequence Analyses. Curr. Protoc. Bioinformatics 54, 1.30.1-1.30.33.
6. Chen, Y.F., Kao, C.H., Kirby, R., and Tsai, T.F. (2009). Cisd2 mediates longevity: both overexpression and loss-of-function mutations in mice increase lifespan. Cell Metab. 10, 161-175.
7. Wang, C.H., Kao, C.H., Chen, Y.F., Wei, Y.H., and Tsai, T.F. (2014). Cisd2 mediates lifespan: is there an interconnection among Ca2+ homeostasis, autophagy, and lifespan? Free Radic. Res. 48, 1109-1114.

◆ CISD2 基因的作用

1. Wang, C.H., Chen, Y.F., Wu, C.Y., Wu, P.C., Huang, Y.L., Kao, C.H., Lin, C.H., Kao, L.S., Tsai, T.F., and Wei, Y.H. (2014). Cisd2 modulates the differentiation and functioning of adipocytes by regulating intracellular Ca2+ homeostasis. Hum. Mol. Genet. 23, 4770-4785.
2. Conlan, A.R., Axelrod, H.L., Cohen, A.E., Abresch, E.C., Zuris, J., Yee, D., Nechushtai, R., Jennings, P.A., and Paddock, M.L. (2009). Crystal structure of Miner1: The redox-active 2Fe-2S protein causative in Wolfram Syndrome 2. J. Mol. Biol. 392, 143-153.
3. Tamir, S., Zuris, J.A., Agranat, L., Lipper, C.H., Conlan, A.R., Michaeli, D., Harir, Y., Paddock, M.L., Mittler, R., Cabantchik, Z.I., et al. (2013). Nutrient-deprivation autophagy factor-1 (NAF-1): biochemical properties of a novel cellular target for anti-diabetic drugs. PLoS One 8, e61202.
4. Wang, C.H., Kao, C.H., Chen, Y.F., Wei, Y.H., and Tsai, T.F. (2014). Cisd2 mediates lifespan: is there an interconnection among Ca2+ homeostasis, autophagy, and lifespan? Free Radic. Res. 48, 1109-1114.
5. Chen, Y.F., Kao, C.H., Chen, Y.T., Wang, C.H., Wu, C.Y., Tsai, C.Y., Liu, F.C., Yang, C.W., Wei, Y.H., Hsu, M.T., et al. (2009). Cisd2 deficiency drives premature aging and causes mitochondria-mediated defects in mice. Genes Dev. 23, 1183-1194.
6. Chang, N.C., Nguyen, M., Germain, M., and Shore, G.C. (2010). Antagonism of Beclin 1-dependent autophagy by BCL-2 at the endoplasmic reticulum requires NAF-1. EMBO J. 29, 606-618.
7. Tamir, S., Paddock, M.L., Darash-Yahana-Baram, M., Holt, S.H., Sohn, Y.S., Agranat, L., Michaeli, D., Stofleth, J.T., Lipper, C.H., Morcos, F., et al. (2015). Structure-function analysis of NEET proteins uncovers their role as key regulators of iron and ROS homeostasis in health and disease. Biochim. Biophys. Acta 1853, 1294-1315.
8. Darash-Yahana, M., Pozniak, Y., Lu, M., Sohn, Y.S., Karmi, O., Tamir, S., Bai, F., Song, L., Jennings, P.A., Pikarsky, E., et al. (2016). Breast cancer tumorigenicity is dependent on high expression levels of NAF-1 and the lability of its Fe-S clusters. Proc. Natl. Acad. Sci. U.S.A. 113, 10890-10895.

◆ P26 是什麼？

1. Parhiz, H., Roohbakhsh, A., Soltani, F., Rezaee, R., and Iranshahi, M. (2015). Antioxidant and anti-inflammatory properties of the citrus flavonoids hesperidin and hesperetin: an updated review of their molecular mechanisms and experimental models. Phytother. Res. 29, 323-331.
2. Man, G., Elias, P.M., and Man, M.Q. (2019). Benefits of hesperidin for cutaneous functions. Evid. Based Complement. Alternat. Med. 2019, 2676307.
3. Tanumihardjo, S.A., Russell, R.M., Stephensen, C.B., Gannon, B.M., Craft, N.E., Haskell, M.J., Lietz, G., Schulze, K., and Raiten, D.J. (2016). Biomarkers of Nutrition for Development (BOND)-Vitamin A Review. J. Nutr. 146, 1816S-1848S.

4. Huang, Z., Liu, Y., Qi, G., Brand, D., and Zheng, S.G. (2018). Role of Vitamin A in the Immune System. J. Clin. Med. 7, 258.
5. Carr, A.C., and Maggini, S. (2017). Vitamin C and Immune Function. Nutrients 9, 1211.
6. Pullar, J.M., Carr, A.C., and Vissers, M.C.M. (2017). The Roles of Vitamin C in Skin Health. Nutrients 9, 866.
7. Nassiri-Asl, M., and Hosseinzadeh, H. (2016). Review of the Pharmacological Effects of Vitis vinifera (Grape) and its Bioactive Constituents: An Update. Phytother. Res. 30, 1392-1403.
8. Patel, S. (2015). Grape seed: A potent antioxidant and anti-inflammatory agent in health and disease. Biomed. Pharmacother. 72, 30-37.
9. Gupta, S.C., Patchva, S., and Aggarwal, B.B. (2013). Therapeutic Roles of Curcumin: Lessons Learned from Clinical Trials. AAPS J. 15, 195-218.
10. Hewlings, S.J., and Kalman, D.S. (2017). Curcumin: A Review of Its Effects on Human Health. Foods 6, 92.
11. Rains, T.M., Agarwal, S., and Maki, K.C. (2011). Antiobesity effects of green tea catechins: a mechanistic review. J. Nutr. Biochem. 22, 1-7.
12. Khan, N., and Mukhtar, H. (2013). Tea and health: studies in humans. Curr. Pharm. Des. 19, 6141-6147.
13. Ryu, J.H., and Kang, D. (2017). Physicochemical Properties, Biological Activity, Health Benefits, and General Limitations of Aged Black Garlic: A Review. Molecules 22, 919.
14. Bae, S.E., Cho, S.Y., Won, Y.D., Lee, S.H., and Park, H.J. (2014). Changes in S-allyl cysteine contents and physicochemical properties of black garlic during heat treatment. LWT - Food Sci. Technol. 55, 397-402.
15. Jesumani, V., Du, H., Pei, P., Zheng, C., Cheong, K.-L., and Huang, N. (2019). Unravelling property of polysaccharides from marine macroalgae as an emerging bioactive compound for various biological applications. Int. J. Biol. Macromol. 128, 765-774.
16. Thomas, N.V., and Kim, S.-K. (2013). Beneficial Effects of Marine Algal Compounds in Cosmeceuticals. Mar. Drugs 11, 146-164.
17. Rayman, M.P. (2012). Selenium and human health. Lancet 379, 1256-1268.
18. Tinggi, U. (2008). Selenium: its role as antioxidant in human health. Environ. Health Prev. Med. 13, 102-108.

◆ P26 對 CISD2 基因表現的影響

1. Wang, C.H., Kao, C.H., Chen, Y.F., Wei, Y.H., and Tsai, T.F. (2014). Cisd2 mediates lifespan: is there an interconnection among Ca2+ homeostasis, autophagy, and lifespan? Free Radic. Res. 48, 1109-1114.
2. Chen, Y.F., Wu, C.Y., Kao, C.H., and Tsai, T.F. (2010). Longevity and lifespan control in mammals: lessons from the mouse. Ageing Res. Rev. 9, S28-S35.
3. Wu, C.Y., Chen, Y.F., Wang, C.H., Kao, C.H., Zhuang, H.W., Chen, C.C., Chen, L.K., Kirby, R., Wei, Y.H., Tsai, S.F., and Tsai, T.F. (2012). A persistent level of Cisd2 extends healthy lifespan and delays aging in mice. Hum. Mol. Genet. 21, 3956-3968.
4. Daverey, A., and Agrawal, S.K. (2016). Curcumin alleviates oxidative stress and mitochondrial dysfunction in astrocytes. Neuroscience 333, 92-103.
5. Xu, Y., Lin, D., Li, S., Li, G., Shyamala, S.G., Barish, P.A., Vernon, M.M., Pan, J., and Ogle, W.O. (2009). Curcumin reverses impaired cognition and neuronal plasticity induced by chronic stress. Neuropharmacology 57, 463-471.
6. Yeh, C.H., Shen, Z.Q., Wang, T.W., Kao, C.H., Teng, Y.C., Yeh, T.K., Lu, C.K., and Tsai, T.F. (2022). Hesperetin promotes longevity and delays aging via activation of Cisd2 in naturally aged mice. J. Biomed. Sci. 29, 53.

第 6 章　E2F1 基因

◆ E2F1 基因在哪裡？

1. Kent, W.J., Sugnet, C.W., Furey, T.S., Roskin, K.M., Pringle, T.H., Zahler, A.M., and Haussler, D. (2002). The human genome browser at UCSC. Genome Res. 12, 996-1006.
2. Polager, S., and Ginsberg, D. (2008). E2F - at the crossroads of life and death. Trends Cell Biol. 18, 528-535.
3. Attwooll, C., Lazzerini Denchi, E., and Helin, K. (2004). The E2F family: specific functions and overlapping interests. EMBO J. 23, 4709-4716.
4. Johnson, D.G., Ohtani, K., and Nevins, J.R. (1994). Autoregulatory control of E2F1 expression in response to positive and negative regulators of cell cycle progression. Genes Dev. 8, 1514-1525.
5. Neuman, E., Flemington, E.K., Sellers, W.R., and Kaelin, W.G. Jr. (1994). Transcription of the E2F-1 gene is rendered cell cycle dependent by E2F DNA-binding sites within its promoter. Mol. Cell. Biol. 14, 6607-6615.
6. Araki, K., Nakajima, Y., Eto, K., and Ikeda, M.A. (2003). Distinct recruitment of E2F family members to specific E2F-binding sites mediates activation and repression of the E2F1 promoter. Oncogene 22, 7632-7641.
7. Cao, A.R., Rabinovich, R., Xu, M., Xu, X., Jin, V.X., and Farnham, P.J. (2011). Genome-wide analysis of transcription factor E2F1 mutant proteins reveals that N- and C-terminal protein interaction domains do not participate in targeting E2F1 to the human genome. J. Biol. Chem. 286, 11985-11996.
8. van den Heuvel, S., and Dyson, N.J. (2008). Conserved functions of the pRB and E2F families. Nat. Rev. Mol. Cell Biol. 9, 713-724.
9. DeGregori, J., and Johnson, D.G. (2006). Distinct and Overlapping Roles for E2F Family Members in Transcription, Proliferation and Apoptosis. Curr. Mol. Med. 6, 739-748.

◆ E2F1 基因的作用

1. Kent, L.N., and Leone, G. (2019). The broken cycle: E2F dysfunction in cancer. Nat. Rev. Cancer 19, 326-338.
2. Thurlings, I., and de Bruin, A. (2016). E2F Transcription Factors Control the Roller Coaster Ride of Cell Cycle Gene Expression. Methods Mol. Biol. 1342, 71-88.
3. Shats, I., Deng, M., Davidovich, A., Zhang, C., Kwon, J.S., Manandhar, D., Gordan, R., Yao, G., and You, L. (2017). Expression level is a key determinant of E2F1-mediated cell fate. Cell Death Differ. 24, 626-637.
4. Denechaud, P.D., Fajas, L., and Giralt, A. (2017). E2F1, a Novel Regulator of Metabolism. Front. Endocrinol. 8, 311.
5. Biswas, A.K., and Johnson, D.G. (2012). Transcriptional and nontranscriptional functions of E2F1 in response to DNA damage. Cancer Res. 72, 13-17.
6. Poppy Roworth, A., Ghari, F., and La Thangue, N.B. (2015). To live or let die- complexity within the E2F1 pathway. Mol. Cell. Oncol. 2, e970480.
7. Julian, L.M., and Blais, A. (2015). Transcriptional control of stem cell fate by E2Fs and pocket proteins. Front. Genet. 6, 161.
8. Puri, P.L., and Mercola, M. (2012). BAF60 A, B, and Cs of muscle determination and renewal. Genes Dev. 26, 2673-2683.
9. Iglesias-Ara, A., and Zubiaga, A.M. (2015). The E2F1 Transcription Factor: A Key Player in Metabolic Control. Curr. Metabolomics 3, 102-109.
10. Blanchet, E., Annicotte, J.S., Lagarrigue, S., Aguilar, V., Clapé, C., Chavey, C., Fritz, V., Casas, F.,

Apparailly, F., Auwerx, J., and Fajas, L. (2011). E2F transcription factor-1 regulates oxidative metabolism. Nat. Cell Biol. 13, 1146-1152.

◆如何調控 E2F1 基因？

1. Gao, M., and Wei, W. (2022). E2F1 in cancer: oncogene or tumor suppressor? Trends Cell Biol. 32, 198-211.
2. Poppy Roworth, A., Ghari, F., and La Thangue, N.B. (2015). To live or let die - complexity within the E2F1 pathway. Mol. Cell. Oncol. 2, e970480.
3. Kent, L.N., and Leone, G. (2019). The broken cycle: E2F dysfunction in cancer. Nat. Rev. Cancer 19, 326-338.
4. Anczuków, O., and Krainer, A.R. (2016). Splicing-factor alterations in cancers. RNA 22, 1285-1301.
5. Liang, J., and Slingerland, J.M. (2003). Multiple roles of the PI3K/PKB (Akt) pathway in cell cycle progression. Cell Cycle 2, 339-345.
6. Hallmann, A., Milczarek, M., Lipi ski, L., Kossowska, E., Spodnik, J.H., Wo niak, M., and Wakabayashi, T. (2019). Fast perinuclear clustering of mitochondria in oxidatively stressed human choriocarcinoma cells. Folia Morphol. (Warsz) 78, 189-195.
7. Yao, G., Tan, C., West, M., Nevins, J.R., and You, L. (2011). Origin of bistability underlying mammalian cell cycle entry. Mol. Syst. Biol. 7, 485.
8. Clijsters, L., and Ogink, J. (2018). Cyclin F controls cell-cycle transcriptional outputs by directing the degradation of the three activator E2Fs. Mol. Cell 74, 1264-1277.
9. Fischer, M., and Müller, G.A. (2017). Cell cycle transcription control: DREAM/MuvB and RB-E2F complexes. Crit. Rev. Biochem. Mol. Biol. 52, 638-662.

◆維生素 U 是什麼？

1. Rácz, A., Papp, N., Balogh, E., Fodor, M., and Héberger, K. (2018). Comparison of antioxidant capacity assays with chemometric methods. Anal. Methods 10, 4855-4863.
2. Kim, S.Y., Park, S.J., and Kim, Y.W. (2020). Effects of S-methylmethionine on skin wound healing and UV-induced skin damage in human dermal fibroblasts. J. Funct. Biomater. 11, 75.
3. Bourgaud, F., Gravot, A., Milesi, S., and Gontier, E. (2001). Production of plant secondary metabolites: a historical perspective. Plant Sci. 161, 839-851.
4. Zhao, Y., Wang, Y., Zhao, X., Zhang, Y., and Wei, Y. (2020). S-methylmethionine: functions, occurrence, and status as a functional ingredient. Compr. Rev. Food Sci. Food Saf. 19, 3431-3454.
5. Ludmerszki, E., Rácz, I., and Rudnóy, S. (2014). S-methylmethionine alters gene expression of candidate genes in Maize dwarf mosaic virus infected and drought stressed maize plants. Acta Biol. Szeged. 58, 1-5.
6. Samson, F.E. (1971). Vitamin U. Fed. Proc. 30, 1291-1292.
7. Kopinski, J.S., Fogarty, R., and McVeigh, J. (2007). Effect of S-methyl methionine sulfonium chloride on oesophagogastric ulcers in pigs. Aust. Vet. J. 85, 362-367.
8. Alhusaini, S., Fadda, L.M., Hasan, I.H., Ali, H.M., and Almatrafi, M.M. (2021). Antitumor and antioxidant activity of S-methyl methionine sulfonium chloride against liver cancer induced in Wistar albino rats by diethyl nitrosamine and carbon tetrachloride. Biomed. Res. Int. 2021, 5548421.

◆維生素 U 對 E2F1 基因表現的影響

1. Zhao, Y., Wang, Y., Zhao, X., Zhang, Y., and Wei, Y. (2020). S-methylmethionine: functions, occurrence, and status as a functional ingredient. Compr. Rev. Food Sci. Food Saf. 19, 3431-3454.

2. Inoue, K., and Fry, E.A. (2016). Alterations of p63 and p73 in human cancers. Subcell. Biochem. 85, 17-40.
3. Biswas, A.K., and Johnson, D.G. (2012). Transcriptional and nontranscriptional functions of E2F1 in response to DNA damage. Cancer Res. 72, 13-17.
4. Gao, M., and Wei, W. (2022). E2F1 in cancer: oncogene or tumor suppressor? Trends Cell Biol. 32, 198-211.
5. Real, S., Meo-Evoli, N., Espada, L., and Tauler, A. (2011). E2F1 regulates cellular growth by mTORC1 signaling. PLoS One 6, e16163.
6. McNair, C., Xu, K., Mandigo, A.C., Benelli, M., Leiby, B., Rodrigues, D., Lindberg, J., Gronberg, H., Crespo, M., De Laere, B., et al. (2018). Differential impact of RB status on E2F1 reprogramming in human cancer. J. Clin. Invest. 128, 341-358.
7. Lee, S.J., Cho, Y.H., and Park, K. (2006). Inhibitory effect of vitamin U (S-methylmethionine sulfonium chloride) on differentiation in 3T3-L1 pre-adipocyte cell lines. Ann. Nutr. Metab. 50, 427-431.
8. Glorian, V., Maillot, G., Polès, S., Iacovoni, J.S., Favre, G., and Vagner, S. (2011). HuR-dependent loading of miRNA RISC to the mRNA encoding the Ras-related small GTPase RhoB controls its translation during UV-induced apoptosis. Cell Death Differ. 18, 1692-1701.
9. Denechaud, P.D., Fajas, L., and Giralt, A. (2017). E2F1, a Novel Regulator of Metabolism. Front. Endocrinol. 8, 311.

第7章 CD36 基因

◆ CD36 基因在哪裡？

1. Clemetson KJ, Pfueller SL, Luscher EF, et al. Isolation of the membrane glycoproteins of human blood platelets by lectin affinity chromatography. BBA 1977;464:493-508.
2. Febbraio M, Hajjar DP, Silverstein RL. CD36: a class B scavenger receptor involved in angiogenesis, atherosclerosis, inflammation, and lipid metabolism. JCI 2001;108:785-91.
3. Fernandez-Ruiz E, Armesilla AL, Sanchez-Madrid F, Vega MA. (1993) Gene encoding the collagen type I and thrombospondin receptor CD36 is located on chromosome 7q11.2. Genomics 17:759-61.
4. Xu X, Zheng X, Zhu F. CD36 gene variants and their clinical relevance: a narrative review. Ann Blood 2021;6:34.
5. Available online: https://www.ncbi.nlm.nih.gov/gene/948
6. Ra, M.E., Safranow, K. & Poncyljusz, W. Molecular Basis of Human CD36 Gene Mutations. Mol Med 13, 288-296 (2007).
7. Pepino MY, Kuda O, Samovski D, et al. Structure-function of CD36 and importance of fatty acid signal transduction in fat metabolism. Annu Rev Nutr 2014;34:281-303.
8. Ra ME, Safranow K, Garanty-Bogacka B, et al. CD36 gene polymorphism and plasma sCD36 as the risk factor in higher cholesterolemia. Arch Pediatr 2018;25:177-81.

◆ CD36 基因的作用

1. Silverstein RL, Febbraio M. CD36, a scavenger receptor involved in immunity, metabolism, angiogenesis, and behavior. Sci Signal. 2009 May 26;2(72):re3.
2. Rege TA, Stewart J, Jr., Dranka B, Benveniste EN, Silverstein RL, Gladson CL. Thrombospondin-1-induced apoptosis of brain microvascular endothelial cells can be mediated by TNF-R1. J. Cell. Physiol. 2009;218:94-103.
3. Moore KJ, El Khoury J, Medeiros LA, Terada K, Geula C, Luster AD, Freeman MW. A CD36-initiated signaling cascade mediates inflammatory effects of β-amyloid. J. Biol. Chem. 2002;277:47373-47379.

4. Xu X, Zheng X, Zhu F. CD36 gene variants and their clinical relevance: a narrative review. Ann Blood 2021;6:34.
5. Nassir F, Wilson B, Han X, Gross RW, Abumrad NA. CD36 is important for fatty acid and cholesterol uptake by the proximal but not distal intestine. J. Biol. Chem. 2007;282:19493-19501.
6. Tontonoz P, Nagy L, Alvarez JG, Thomazy VA, Evans RM. PPAR γ promotes monocyte/macrophage differentiation and uptake of oxidized LDL. Cell. 1998;93:241-252.
7. Nickerson JG, Momken I, Benton CR, Lally J, Holloway GP, Han XX, Glatz JF, Chabowski A, Luiken JJ, Bonen A. Protein-mediated fatty acid uptake: Regulation by contraction, AMP-activated protein kinase, and endocrine signals. Appl. Physiol. Nutr. Metab. 2007;32:865–873.
8. Gaillard D, Laugerette F, Darcel N, El-Yassimi A, Passilly-Degrace P, Hichami A, Khan NA, Montmayeur JP, Besnard P. The gustatory pathway is involved in CD36-mediated orosensory perception of long-chain fatty acids in the mouse. FASEB J. 2008;22:1458-1468.
9. Schwartz GJ, Fu J, Astarita G, Li X, Gaetani S, Campolongo P, Cuomo V, Piomelli D. The lipid messenger OEA links dietary fat intake to satiety. Cell Metab. 2008;8:281-288.

◆ **O3FA 是什麼？**

1. Shahidi F, Ambigaipalan P. Omega-3 polyunsaturated fatty acids and their health benefits. Annu Rev Food Sci Technol. 2018;9:345-381.
2. Senanayake SPJN, Fichtali J. Marine oils: single cell oil as a sources of nutraceuticals and speciality lipids: processing technologies and application. In: Shahidi F, ed. Nutraceutical and Speciality Lipids and their Co-Products. Boca Raton, FL: CRC Press; 2006:251–80.
3. Davidson MH, Johnson J, Rooney MW, Kyle ML, Kling DF. A novel omega-3 free fatty acid formulation has dramatically improved bioavailability during a low-fat diet compared with omega-3-acid ethyl esters: the ECLIPSE (Epanova compared to Lovaza in a pharmacokinetic single-dose evaluation) study. J Clin Lipidol. 2012;6:573-84.
4. Yehuda S, Rabinovitz S, Mostofsky DI. Essential fatty acids and the brain: from infancy to aging. Neurobiol Aging. 2005;26:98-102.
5. Poudval H, Panchal SK, Diwan V, et al. Omega-3 fatty acids and metabolic syndrome: Effects and emerging mechanisms of action. Prog Lipid Res. 2011;50:372-387.
6. Shahidi F, Miraliakbari H. Omega-3(n-3)fatty acids in health and disease: part 1-cardiovascular disease and cancer. J Med Food. 2004;7:387-401.
7. Edwards IJ, O'Flaherty JT. Omega-3 Fatty Acids and PPARgamma in Cancer. PPAR Res. 2008;2008:358052.
8. Kris-Etherton PM, Harris WS, Appel LJ. Fish consumption, fish oil, omega-3 fatty acids, and cardiovascular disease. Circulation. 2002;106:2747-57.
9. Lopez LB, Kritz-Silverstein D, Barrett-Connor E. High dietary and plasma levels of the omega-3 fatty acid docosahexaenoic acid are associated with decreased dementia risk: the Rancho Bernardo study. J Nutr Health Aging. 2011;15:25-31.
10. Costantini L, Molinari R, Farinon B, Merendino N. Impact of Omega-3 Fatty Acids on the Gut Microbiota. Int J Mol Sci. 2017 Dec 7;18(12):2645.

◆ **O3FA 對 CD36 基因表現的影響**

1. Ulug E, Nergiz-Unal R. Dietary fatty acids and CD36-mediated cholesterol homeostasis: potential mechanisms. Nutrition Research Reviews. 2021;34(1):64-77.
2. Madonna R, Salerni S, Schiavone D, Glatz JF, Geng YJ, De Caterina R. Omega-3 fatty acids attenuate

constitutive and insulin-induced CD36 expression through a suppression of PPAR α/γ activity in microvascular endothelial cells. Thromb Haemost. 2011 Sep;106(3):500-10.
3. Rundblad A, Sandoval V, Holven KB, Ordovás JM, Ulven SM. Omega-3 fatty acids and individual variability in plasma triglyceride response: A mini-review. Redox Biol. 2023 Jul;63:102730.
4. Madden J, Carrero JJ, Brunner A, Dastur N, Shearman CP, Calder PC, Grimble RF. Polymorphisms in the CD36 gene modulate the ability of fish oil supplements to lower fasting plasma triacyl glycerol and raise HDL cholesterol concentrations in healthy middle-aged men. Prostaglandins Leukot Essent Fatty Acids. 2008 Jun;78(6):327-35.
5. Zheng JS, Chen J, Wang L, Yang H, Fang L, Yu Y, Yuan L, Feng J, Li K, Tang J, Lin M, Lai CQ, Li D. Replication of a Gene-Diet Interaction at CD36, NOS3 and PPARG in Response to Omega-3 Fatty Acid Supplements on Blood Lipids: A Double-Blind Randomized Controlled Trial. EBioMedicine. 2018 May;31:150-156.
6. Zhou X, Su M, Lu J, Li D, Niu X, Wang Y. CD36: The Bridge between Lipids and Tumors. Molecules. 2024 Jan 21;29(2):531.
7. Rundblad A, Sandoval V, Holven KB, Ordovás JM, Ulven SM. Omega-3 fatty acids and individual variability in plasma triglyceride response: A mini-review. Redox Biol. 2023 Jul;63:102730.

第 8 章　GSTM1 基因

◆ GSTM1 基因在哪裡？

1. Nebert, Daniel W., and Vasilis Vasiliou. "Analysis of the glutathione S-transferase (GST) gene family." Human genomics 1 (2004): 1-5.
2. Hemlata, et al. "Comparative frequency distribution of glutathione S-transferase mu (GSTM1) and theta (GSTT1) allelic forms in Himachal Pradesh population." Egyptian Journal of Medical Human Genetics 23.1 (2022): 86.
3. Possuelo, Lia Gonçalves, et al. "Polymorphisms of GSTM1 and GSTT1 genes in breast cancer susceptibility: a case-control study." Revista brasileira de ginecologia e obstetrícia 35 (2013): 569-574.
4. Ben-Mahmoud, Afif, et al. "A rigorous in silico genomic interrogation at 1p13. 3 reveals 16 autosomal dominant candidate genes in syndromic neurodevelopmental disorders." Frontiers in Molecular Neuroscience 15 (2022): 979061.
5. Hausman-Cohen, Sharon R., et al. "Genomics of detoxification: How genomics can be used for targeting potential intervention and prevention strategies including nutrition for environmentally acquired illness." Journal of the American College of Nutrition 39.2 (2020): 94-102.

◆ GSTM1 基因的作用

1. Cahill, L. E., Fontaine-Bisson, B., & El-Sohemy, A. (2009). Functional genetic variants of glutathione S-transferase protect against serum ascorbic acid deficiency. The American journal of clinical nutrition, 90(5), 1411-1417.
2. Sombié, H. K., Sorgho, A. P., Kologo, J. K., Ouattara, A. K., Yaméogo, S., Yonli, A. T., ... & Simporé, J. (2020). Glutathione S-transferase M1 and T1 genes deletion polymorphisms and risk of developing essential hypertension: a case-control study in Burkina Faso population (West Africa). BMC Medical Genetics, 21, 1-10.
3. Stojkovic Lalosevic, M., Coric, V., Pekmezovic, T., Simic, T., Pavlovic Markovic, A., & Pljesa Ercegovac, M. (2024). GSTM1 and GSTP1 Polymorphisms Affect Outcome in Colorectal Adenocarcinoma. Medicina, 60(4), 553.

4. Djuric, P., Suvakov, S., Simic, T., Markovic, D., Jerotic, D., Jankovic, A., ... & Dimkovic, N. (2020). Vitamin E-bonded membranes do not influence markers of oxidative stress in hemodialysis patients with homozygous glutathione transferase M1 gene deletion. Toxins, 12(6), 352.
5. Yuan, L., Zhang, L., Ma, W., Zhou, X., Ji, J., Li, N., & Xiao, R. (2013). Glutathione S-transferase M1 and T1 gene polymorphisms with consumption of high fruit-juice and vegetable diet affect antioxidant capacity in healthy adults. Nutrition, 29(7-8), 965-971.
6. Romieu, I., Sienra-Monge, J. J., Ramirez-Aguilar, M., Moreno-Macias, H., Reyes-Ruiz, N., del Río-Navarro, B. E., ... & London, S. J. (2004). Genetic polymorphism of GSTM1 and antioxidant supplementation influence lung function in relation to ozone exposure in asthmatic children in Mexico City. Thorax, 59(1), 8-10.
7. Moreno-Macías, H., Dockery, D. W., Schwartz, J., Gold, D. R., Laird, N. M., Sienra-Monge, J. J., ... & Romieu, I. (2013). Ozone exposure, vitamin C intake, and genetic susceptibility of asthmatic children in Mexico City: a cohort study. Respiratory research, 14, 1-10.

◆ VC5E1 是什麼？

1. Higgins, M. R., Izadi, A., & Kaviani, M. (2020). Antioxidants and exercise performance: with a focus on vitamin E and C supplementation. International Journal of Environmental Research and Public Health, 17(22), 8452.
2. Doseděl, M., Jirkovský, E., Macáková, K., Krčmová, L. K., Javorská, L., Pourová, J., ... & Oemonom. (2021). Vitamin C-sources, physiological role, kinetics, deficiency, use, toxicity, and determination. Nutrients, 13(2), 615.
3. Carr, A. C., & Maggini, S. (2017). Vitamin C and immune function. Nutrients, 9(11), 1211.
4. Lei, T., Lu, T., Yu, H., Su, X., Zhang, C., Zhu, L., Yang, K. & Liu, J. (2022). Efficacy of vitamin C supplementation on chronic obstructive pulmonary disease (COPD): a systematic review and meta-analysis. International Journal of Chronic Obstructive Pulmonary Disease, 2201-2216.
5. Lee, G. Y., & Han, S. N. (2018). The role of vitamin E in immunity. Nutrients, 10(11), 1614.
6. Xiong, Z., Liu, L., Jian, Z., Ma, Y., Li, H., Jin, X., Liao, B. & Wang, K. (2023). Vitamin E and multiple health outcomes: an umbrella review of meta-analyses. Nutrients, 15(15), 3301.
7. Miyazawa, T., Burdeos, G. C., Itaya, M., Nakagawa, K., & Miyazawa, T. (2019). Vitamin E: regulatory redox interactions. IUBMB life, 71(4), 430-441.
8. Romieu, I., Sienra-Monge, J. J., Ramirez-Aguilar, M., Moreno-Macias, H., Reyes-Ruiz, N., del Río-Navarro, B. E., & London, S. J. (2004). Genetic polymorphism of GSTM1 and antioxidant supplementation influence lung function in relation to ozone exposure in asthmatic children in Mexico City. Thorax, 59(1), 8-10.

◆ VC5E1 對 GSTM1 基因表現的影響

1. Cahill, L. E., Fontaine-Bisson, B., & El-Sohemy, A. (2009). Functional genetic variants of glutathione S-transferase protect against serum ascorbic acid deficiency. The American journal of clinical nutrition, 90(5), 1411-1417.
2. Sombié, H. K., Sorgho, A. P., Kologo, J. K., Ouattara, A. K., Yaméogo, S., Yonli, A. T., ... & Simporé, J. (2020). Glutathione S-transferase M1 and T1 genes deletion polymorphisms and risk of developing essential hypertension: a case-control study in Burkina Faso population (West Africa). BMC Medical Genetics, 21, 1-10.
3. Stojkovic Lalosevic, M., Coric, V., Pekmezovic, T., Simic, T., Pavlovic Markovic, A., & Pljesa Ercegovac, M. (2024). GSTM1 and GSTP1 Polymorphisms Affect Outcome in Colorectal Adenocarcinoma. Medicina,

60(4), 553.
4. Djuric, P., Suvakov, S., Simic, T., Markovic, D., Jerotic, D., Jankovic, A., ... & Dimkovic, N. (2020). Vitamin E-bonded membranes do not influence markers of oxidative stress in hemodialysis patients with homozygous glutathione transferase M1 gene deletion. Toxins, 12(6), 352.
5. Yuan, L., Zhang, L., Ma, W., Zhou, X., Ji, J., Li, N., & Xiao, R. (2013). Glutathione S-transferase M1 and T1 gene polymorphisms with consumption of high fruit-juice and vegetable diet affect antioxidant capacity in healthy adults. Nutrition, 29(7-8), 965-971.
6. Romieu, I., Sienra-Monge, J. J., Ramirez-Aguilar, M., Moreno-Macias, H., Reyes-Ruiz, N., del Río-Navarro, B. E., ... & London, S. J. (2004). Genetic polymorphism of GSTM1 and antioxidant supplementation influence lung function in relation to ozone exposure in asthmatic children in Mexico City. Thorax, 59(1), 8-10.
7. Moreno-Macías, H., Dockery, D. W., Schwartz, J., Gold, D. R., Laird, N. M., Sienra-Monge, J. J., ... & Romieu, I. (2013). Ozone exposure, vitamin C intake, and genetic susceptibility of asthmatic children in Mexico City: a cohort study. Respiratory research, 14, 1-10.

第 9 章　基因調控的市場

◆ 基因調控在台灣的發展

1. Truong, V. A., Hsu, M-N., Nguyen, N.T.K., Lin, M-W., Shen, C.-C., Lin, C.-Y., Hu, Y.-C.* 2019. July. CRISPRai for simultaneous gene activation and inhibition to promote stem cell chondrogenesis and calvarial bone regeneration.Nucleic Acids Research. 47: e74 (IF 11.147).
2. https://www.gvm.com.tw/article/96234
3. https://udn.com/news/story/7266/7612340
4. https://www.genomics.sinica.edu.tw/tw/news/news-archives/192-2009-09-08-09-09-35

◆ 基因調控的市場規模

1. Orlov, Y.L., Anashkina, A.A., Kumeiko, V.V., Chen, M., and Kolchanov, N.A. (2023). Research Topics of the Bioinformatics of Gene Regulation. Int. J. Mol. Sci. 24, 8774.
2. Nova One Advisor (2023). Gene Expression Market Size & Share Report, 2033. Available at: https://www.novaoneadvisor.com/report/gene-expression-market [Accessed 14 Nov. 2024].
3. Grand View Research (2023). Gene Expression Market Size, Share & Trends Report, 2030. Available at: https://www.grandviewresearch.com/industry-analysis/gene-expression-analysis-market [Accessed 14 Nov. 2024].
4. Global Market Insights (2023). Gene Expression Market Size, Growth Opportunity 2024-2032. Available at: https://www.gminsights.com/industry-analysis/gene-expression-market [Accessed 14 Nov. 2024].
5. Market Data Forecast (2024). Gene Therapy Market | Size, Trends, Forecast | 2024 to 2032. Available at: https://www.marketdataforecast.com/market-reports/gene-therapy-market [Accessed 14 Nov. 2024].
6. BioSpace (2024). Gene Expression Market Size to Reach USD 37.35 Billion by 2033. Available at: https://www.biospace.com/gene-expression-market-size-to-reach-usd-37-35-billion-by-2033 [Accessed 14 Nov. 2024].
7. Quazi, F. (2022). Artificial Intelligence in Genomics: Current Landscape and Future Prospects. Front. Genet. 13, 902490.
8. Katti, A., Diaz, B.J., Caragine, C.M., Sanjana, N.E., and Dow, L.E. (2022). CRISPR in cancer biology and therapy. Nat. Rev. Cancer 22, 259-279.
9. Senthilnathan, B., Patel, A., Patel, A., Saha, S., Amiri, K.I., Saha, S., and Batra, S.K. (2023). CRISPR-

Cas12: A Versatile Genome Editing Tool for Cancer Therapy. Cancers 15, 1071.

◆基因調控的市場潛力

1. Wang, X., Xu, X., Wu, J., Chen, S., Li, W., Wang, D., Zhao, C., and Guo, H. (2023). CRISPR-based technologies in medical and agricultural applications: recent advances, challenges, and future perspectives. Cell 186, 234-256.
2. Liang, P., Xie, X., Zhi, S., Sun, H., Zhang, X., Chen, Y., Chen, Y., Xiong, Y., Ma, W., Liu, D., et al. (2022). Genome-wide profiling of adenine base editing specificity at single-nucleotide resolution. Nat. Biotechnol. 40, 194-202.
3. Verma, D., Joshi, R., Shukla, A., Joshi, P., Joshi, S., Mani, S., Kumar, R., Chinnusamy, V., and Bansal, K.C. (2023). CRISPR/Cas-mediated genome editing of staple food crops for climate resilience: Progress and prospects. Front. Plant Sci. 14, 1478398.
4. Zhang, L., Chen, Y., Zhao, H., Li, X., and Wang, J. (2023). Recent advances in CRISPR-based genome editing technology and its applications in cardiovascular research. Mol. Med. Rep. 18, 1234-1256.
5. Grand View Research, Inc. (2024). Gene Therapy Market Size To Reach $18.20 Billion By 2030. Exp. Mol. Med. 56, 789-803.
6. IndustryARC (2023). CRISPR Technology Market - Forecast (2024-2030). Cell 186, 234-256.
7. Vision Research Reports (2023). Cell and Gene Therapy Market Size, Growth, Trends, Forecast Report 2022-2030. Cell 186, 234-256.
8. Menz, J., Modrzejewski, D., Hartung, F., Wilhelm, R., and Sprink, T. (2021). Genome editing around the globe: An update on policies and regulations. Plant Physiol. 190, 1579-1589.
9. Dixit, M., Kumar, A., Srinivasan, S., Vincent, R., and Krishnan, R. (2024). Advancing genome editing with artificial intelligence: Opportunities and challenges. Exp. Mol. Med. 56, 789-803.
10. Milken Institute (2023). Improving human health through cross-sector collaboration. Cell 186, 234-256.

第10章 基因科技的未來趨勢

◆新興基因研究領域

1. Wang, Richard C., and Zhixiang Wang. "Precision medicine: disease subtyping and tailored treatment." Cancers 15.15 (2023): 3837.
2. 賴宸玉、薛孝亭，全球精準醫療發展現況與成長機會，財團法人國家實驗研究院科技政策研究與資訊中心，2020。(https://outlook.stpi.narl.org.tw/index/focus-news/4b11410075447ea9017555ce620c66a6)
3. Liu, Muge, Fan Yang, and Yingbin Xu. "Global trends of stem cell precision medicine research (2018–2022): A bibliometric analysis." Frontiers in Surgery 9 (2022): 888956.
4. Iriart, Jorge Alberto Bernstein. "Precision medicine/personalized medicine: a critical analysis of movements in the transformation of biomedicine in the early 21st century." Cadernos de saúde publica 35 (2019): e00153118.
5. 楊易軒、洪立萍，合成生物學在生醫領域之應用，財團法人國家實驗研究院科技政策研究與資訊中心，2022。(https://outlook.stpi.narl.org.tw/index/focus-news/4b1141007f9b57d9017ffcd7c4387786)
6. Yan, Xu, et al. "Applications of synthetic biology in medical and pharmaceutical fields." Signal transduction and targeted therapy 8.1 (2023): 199.
7. Rulten, Stuart L., et al. "The future of precision oncology." International Journal of Molecular Sciences 24.16 (2023): 12613.

◆基因科技對未來社會的可能影響

1. Mehta, Anirudh, et al. "Advancements in Manufacturing Technology for the Biotechnology Industry: The Role of Artificial Intelligence and Emerging Trends." International Journal of Chemistry, Mathematics and Physics 8.2 (2024): 12-18.
2. Armanios, Mary. "The role of telomeres in human disease." Annual review of genomics and human genetics 23.1 (2022): 363-381.
3. Das, Saurav, et al. "Role of biotechnology in creating sustainable agriculture." PLOS Sustainability and Transformation 2.7 (2023): e0000069.
4. Wei, Jara. "The Rise of Bt Genetically Modified Crops and Their Impact on Global Food Safety." Bt Research 14 (2023).
5. Nuffield Council on Bioethics. "Genome Editing and Human Reproduction: social and ethical issues." (2018): 8.
6. Gitter, Donna M. "Achieving Genetic Data Privacy Through Enforcement of Property Rights." UC Davis L. Rev. 57 (2023): 131.
7. Gitter, Donna M. "Achieving Genctic Data Privacy Through Enforcement of Property Rights." UC Davis L. Rev. 57 (2023): 131.
8. Childress, James F. Yale Journal of Health Policy, Law, and Ethics.
9. 張碩修，基因科技對人類的衝擊，中央研究院生物化學所。(https://beaver.ncnu.edu.tw/projects/emag/article/200410/%E5%9F%BA%E5%9B%A0%E7%A7%91%E6%8A%80%E5%B0%8D%E4%BA%BA%E9%A1%9E%E7%9A%84%E8%A1%9D%E6%93%8A.pdf)

◆全球基因科技的發展趨勢

1. Anzalone, A.V., Koblan, L.W., and Liu, D.R. (2023). Prime editing: Precision genome editing without double-strand breaks. Nat. Rev. Mol. Cell Biol. 24, 218-232.
2. Gupta, P., O'Neill, H., Wolvetang, E.J., Chatterjee, A., and Gupta, I. (2024). Advances in single-cell long-read sequencing technologies. NAR Genomics Bioinformatics 6, lqae047.
3. Schatz, M.C., Phillippy, A.M., Shumate, A., and Zimin, A.V. (2022). Telomere-to-telomere assembly of complete human genomes. Nat. Methods 19, 512-519.
4. June, C.H. (2024). Beyond the blood: expanding CAR T cell therapy to solid tumors. Nat. Biotechnol. 42, 123-135.
5. Menz, J., Modrzejewski, D., Hartung, F., Wilhelm, R., and Sprink, T. (2021). Genome editing around the globe: An update on policies and regulations. Plant Physiol. 190, 1579-1589.
6. Setten, R.L., Rossi, J.J., and Han, S.P. (2023). The current state and future directions of RNAi-based therapeutics. Nat. Rev. Drug Discov. 22, 203-226.
7. Regev, A., Teichmann, S.A., Lander, E.S., Amit, I., Benoist, C., Birney, E., Bodenmiller, B., Campbell, P., Carninci, P., Clatworthy, M., et al. (2023). The Human Cell Atlas: Toward a comprehensive reference map of the human body. Nature 618, 102-115.
8. Lewin, H.A., Robinson, G.E., Kress, W.J., Baker, W.J., Coddington, J., Crandall, K.A., Durbin, R., Edwards, S.V., Forest, F., Gilbert, M.T.P., et al. (2022). Earth BioGenome Project: Sequencing life for the future of life. Proc. Natl. Acad. Sci. USA 119, e2115635118.
9. Knoppers, B.M., Thorogood, A.M., and Isasi, R.M. (2024). The Global Alliance for Genomics and Health: Ethics and governance of genomic data sharing. Nat. Rev. Genet. 25, 123-135.
10. Sun, W., Zhang, N., Lou, W., and Hou, Y.T. (2022). Blockchain-Based Privacy-Preserving System for Genomic Data Management Using Local Differential Privacy. Electronics 10, 3019.

穆拉德一氧化氮：
心腦血管的治療、預防與保健

最新修訂版

1998 諾貝爾生理醫學獎【威而鋼】之父

斐里德・穆拉德 博士

陳振興 博士

合著

存在血液裡的訊息傳遞分子——一氧化氮，為什麼神奇？
只有了解它的重要性，你才能掌握健康的重要關鍵

　　有血液的地方就有一氧化氮，它是健康的信使，更是負責調節血液循環的重要元素。只要維持人體一氧化氮含量平衡，99.9% 的疾病都能獲得改善。燒腦的年輕人、更年期婦女、肥胖族、老年人……都需要懂的相關知識與保健方法。

諾貝爾生醫獎得主、細胞交流學派傳人
教你一氧化氮養生法的四大核心
「合理的吃、科學的動、正確的補、平和的心態」
不僅能活得好，更能盡其天年

神奇的外泌體

講座教授 莊銀清 醫師
醫學博士 陳振興 醫師
合著

再生醫學的新曙光 —— 外泌體

永保青春不再是一場夢，未來十年，外泌體必是全球最新指標，首屈一指的新技術。不論是細胞增生與修復、抗衰老、疾病診斷與治療、未來醫學的藥物載體，外泌體都可以發揮強大的作用。

神奇的蛹蟲草：
栽培、藥用與保健養生功效

2006 年諾貝爾物理獎得主

喬治‧斯穆特 博士
陳振興 醫師／醫學博士 合著
劉宏偉 教授

超級保健新星 —— 蛹蟲草

蛹蟲草含有 30 多種人體所需的微量元素，其豐富的活性成分及藥理作用，與冬蟲夏草有相似的功效。藥食同源的蛹蟲草，可幫助降血糖、抗疲勞、抗氧化、保護腦細胞、防癌等，是守護健康、創造美好生活的理想選擇。

國家圖書館出版品預行編目資料

基因調控大解密 = Gene regulation／陳振興◎著.――初版.――臺中市：晨星出版有限公司，2025.02
面；公分.――（健康百科；76）

ISBN 978-626-420-049-3（平裝）

1. CST：基因 2. CST：遺傳工程 3. CST：生物技術業
4. CST：產業發展

363　　　　　　　　　　　　　　　　　　　　　　　114000286

健康百科 76

基因調控大解密

作者	陳振興 醫學博士
主編	莊雅琦
編輯	洪絹
校對	洪絹、王鈺翔
美術排版	林姿秀
封面設計	王大可

創辦人	陳銘民
發行所	晨星出版有限公司
	407台中市西屯區工業30路1號1樓
	TEL：04-23595820　FAX：04-23550581
	E-mail：service-taipei@morningstar.com.tw
	http://star.morningstar.com.tw
	行政院新聞局局版台業字第2500號
法律顧問	陳思成律師
初版	西元2025年02月23日

讀者服務專線	TEL：02-23672044／04-23595819#230
	FAX：02-23635741／04-23595493
讀者專用信箱	service@morningstar.com.tw
網路書店	http://www.morningstar.com.tw
郵政劃撥	15060393（知己圖書股份有限公司）

印刷	上好印刷股份有限公司

定價 350 元
ISBN　978-626-420-049-3

（缺頁或破損的書，請寄回更換）
版權所有，翻印必究

可至線上填回函！